AF388723

SOCIÉTÉ

DE

L'ALIMENTATION RATIONNELLE DU BÉTAIL

69, — RUE DE LA VICTOIRE, — 69

PARIS

SOCIÉTÉ

DE

L'ALIMENTATION RATIONNELLE

DU BÉTAIL

COMPTE RENDU DU DOUZIÈME CONGRÈS

21 Mars 1908

PARIS

IMPRIMERIE PAUL DUPONT

RUE DU BOULOI, 4

1908

SOCIÉTÉ

DE

L'ALIMENTATION RATIONNELLE DU BÉTAIL

BUREAU

Président d'honneur : M. E. TISSERAND, directeur honoraire de l'agriculture, conseiller-maître à la Cour des comptes, membre de la Société nationale d'agriculture ;

Président : M. Eugène MIR, sénateur de l'Aude, membre du Conseil supérieur de l'agriculture, président du Conseil d'administration de l'Institut national agronomique ;

Vice-Président : M. le docteur REGNARD, directeur de l'Institut national agronomique, membre de la Société nationale d'agriculture ;

Secrétaire général : M. A. MALLÈVRE, professeur de zootechnie à l'Institut national agronomique ;

Secrétaire général adjoint : M. H. BAUDOIN, maître de conférences de zootechnie à l'Institut national agronomique ;

Secrétaire-Trésorier : M. Georges GALLO, rue de la Victoire, 69 ;

Secrétaire-Trésorier adjoint : M. Louis DUBOIS, rue de la Victoire, 69.

COMITÉ DE DIRECTION

MM. ARLOING, de l'Institut, directeur de l'École de médecine vétérinaire, à Lyon ;

H. BAUDOIN, maître de conférences à l'Institut national agronomique ;

J. BÉNARD, agriculteur à Coupvray (Seine-et-Marne), membre de la Société nationale d'agriculture ;

CHAUVEAU, de l'Institut, inspecteur général des écoles vétérinaires, à Paris ;

J. CREVAT, agriculteur dans l'Ain ;

DECHAMBRE, professeur à l'École nationale d'agriculture de Grignon ;

M. FAGOT, sénateur des Ardennes, membre du Conseil d'administration de l'Institut national agronomique ;

G. GALLO, propriétaire ;

GAROLLA, professeur départemental d'agriculture, à Chartres (Eure-et-Loir) ;

A.-Ch. GIRARD, professeur à l'Institut national agronomique ;

MM. Grandeau, inspecteur général des stations agronomiques ;

Gustave Huot, agriculteur à Saint-Léger (Aube) ;

Lavalard, membre de la Société nationale d'agriculture, administrateur délégué de la Compagnie des Omnibus, à Paris ;

Jules Le Conte, conseiller référendaire à la Cour des Comptes, propriétaire-éleveur ;

A. Mallèvre, professeur de zootechnie à l'Institut national agronomique ;

Eugène Mir, sénateur de l'Aude, membre du Conseil supérieur de l'agriculture, président du Conseil d'administration de l'Institut national agronomique ;

Muntz, de l'Institut, professeur à l'Institut national agronomique, membre de la Société nationale d'agriculture ;

Louis Passy, député, secrétaire perpétuel de la Société nationale d'agriculture, membre de l'Institut ;

Le docteur Regnard, directeur de l'Institut national agronomique, membre de la Société nationale d'agriculture ;

Sagnier, directeur du *Journal de l'Agriculture*, membre de la Société nationale d'agriculture ;

Le docteur Saint-Yves-Ménard, directeur du service de la vaccination de la ville de Paris, membre de la Société nationale d'agriculture ;

Le comte de Saint-Quentin, député du Calvados, membre de la Société nationale d'agriculture ;

E. Tainturier, membre de la chambre syndicale du commerce en gros de la boucherie ;

Teisserenc de Bort, sénateur de la Haute-Vienne, membre de la Société nationale d'agriculture ;

E. Tisserand, directeur honoraire de l'agriculture, membre de la Société nationale d'agriculture ;

Marcel Vacher, ancien député de l'Allier, membre de la Société nationale d'agriculture.

QUELQUES CONSEILS

SUR

L'ÉLEVAGE ARTIFICIEL DES VEAUX

par MM. André GOUIN

Correspondant de la Société Nationale d'Agriculture de France,

et Pierre ANDOUARD

Directeur de la Station Agronomique de la Loire-Inférieure.

Quand nous nous sommes décidés, il y a une dizaine d'années, à préconiser l'élevage des veaux au lait écrémé, avec addition de 50 grammes de fécule par litre, la pratique nous avait déjà amplement fixés sur la valeur de ce genre d'alimentation.

Sans doute cette quantité de 50 grammes de fécule ne correspond pas à celle qui rendrait au lait écrémé sa valeur primitive. S'inspirant de cette idée théorique, certains agronomes ont prescrit, récemment, de la porter à 90 grammes. Leurs calculs n'ont malheureusement pas tenu compte de la puissance de travail, dont l'appareil digestif du nouveau-né est susceptible. Les praticiens, qui ont essayé de suivre leurs conseils, ont vite reconnu que l'estomac du jeune veau tolérait mal une proportion de fécule aussi forte.

D'autre part, la nouvelle méthode aurait augmenté bien inutilement les frais de l'élevage. Alors que nous remplaçons 10 litres de lait complet par 12 litres de lait écrémé et 600 grammes de fécule, on se bornerait à 10 litres de lait, mais on dépenserait 300 grammes de fécule de plus, soit environ 12 centimes. L'économie de 2 litres de lait serait payée au delà de sa valeur.

L'activité de croissance se maintient invariable pendant toute la durée du régime lacté. Quelle que soit la marche de la progression réalisée jusque-là, elle se rétablira exactement la même, dès le second jour après que l'on aura mis le jeune animal au lait écrémé et féculisé. Sur plus de quarante veaux pesés à jeun chaque matin, nous n'avons pas eu deux fois à constater le contraire. Le premier jour, mais celui-là seulement, l'augmentation pourra se réduire de moitié chez les sujets dont l'estomac ne sait pas se plier instantanément à un brusque changement de nourriture.

Naturellement, le veau ne doit jamais avoir tété la mère.

1

Le point essentiel pour prévenir tout insuccès, c'est de rationner régulièrement les veaux de lait.

Beaucoup se montrent très gloutons, et pourraient absorber des quantités de nourriture exagérées. Ils les digéreraient incomplètement, ou bien, la digestion n'étant pas encore terminée, manqueraient d'appétit au repas suivant. En pareil cas, la diarrhée menace de survenir, la croissance en subit le contre-coup.

Des accidents de ce genre ne sont point à craindre, si on limite la ration à un litre de lait féculisé par six kilogrammes du poids de l'animal.

En pratique, on réservera au veau le lait de la mère pendant la première semaine. Aussitôt après, on commencera par lui substituer sept litres de lait écrémé avec 350 grammes de fécule, si l'animal était très fort au moment de sa naissance. Pour les veaux nés petits, la quantité initiale sera réduite à six litres de lait et 300 grammes de fécule.

Tous les six jours, on augmentera la dose d'un litre de lait et de 50 grammes de fécule. En cas d'arrêt de la croissance pour une cause quelconque, il y aurait lieu de reculer d'autant la nouvelle augmentation du rationnement.

A ce régime, les veaux normands, parthenais et maraichins, que nous élevons sur notre réserve, gagnent constamment un kilogr. par jour. Pour des animaux d'autres races, si la marche de la croissance était différente, ces prescriptions pourraient être modifiées.

Nos études de l'an dernier nous ont amenés à déterminer rigoureusement le degré de digestibilité de la fécule. Notre veau d'expérience tirait exclusivement du lait sa nourriture azotée, les autres principes nutritifs lui étaient fournis, moitié environ par le lait et le surplus par la fécule. La proportion de matières azotées rejetée dans les fèces équivalait à 7 % de celles du lait, la proportion des autres nutriments n'atteignait que 8, 2 %. Nous étions donc bien fondés à affirmer que, dans le premier âge, la digestibilité de la fécule, donnée à dose convenable, rivalise avec celle du lait.

Si la qualité des veaux de boucherie élevés au lait féculisé n'égale pas toujours celle des veaux qui ont vécu de lait complet, la vente n'en est pas moins facile, sans dépréciation de prix bien sérieuse, alors que les frais de l'élevage se trouvent abaissés dans une proportion considérable. En effet, pour arriver du poids de 40 kilogr., au début de l'allaitement artificiel, à celui de 90 kilogr. que nos bouchers n'aiment pas à voir dépasser, un veau devra consommer environ 460 litres de lait complet, ou 550 litres de lait écrémé avec 27^{kg}1/2 de fécule. En estimant à dix centimes la valeur de la matière grasse d'un litre de lait et le kilogramme de fécule à 40 centimes, l'animal aura coûté, dans le premier cas, 46 francs, dans le second 11 francs seulement. L'économie est de 35 francs, soit pour les 90 kilogr. du veau, un abaissement du prix de revient voisin de quarante centimes par kilogr.

Nous continuons jusqu'à la fin à augmenter, parallèlement à leur développement, les doses de lait féculisé pour les veaux de boucherie. Tant qu'à ceux qui doivent être conservés comme élèves, nous ne dépassons pas 15 litres de lait écrémé et 750 grammes de fécule par jour. Vers l'âge de deux mois, nous commençons à substituer à la fécule, et en quantité croissante, la pomme de terre elle-même. Nous la donnons crue ou cuite, d'après les préférences manifestées par chaque animal. Cette substitution, puis le sevrage s'opèrent plus ou moins rapidement, suivant les sujets. Là nous cessons de nous trouver en présence d'une règle fixe, qu'on peut appliquer à peu près aveuglément, comme celle que nous venons d'indiquer pour la période du régime lacté.

En ce qui concerne la fécule, nous engageons à la transformer en empois dans une assez grande quantité d'eau bouillante. L'empois est ainsi moins compact et se mélange plus facilement avec le lait écrémé.

On s'abstiendra d'acheter la fécule dans les établissements qui emploient de l'acide sulfurique pour l'extraction de l'amidon des pommes de terre ; mal purgée d'acide, elle irriterait sérieusement l'appareil digestif des jeunes animaux. Il est plus prudent de s'approvisionner dans les petites féculeries annexées à des exploitations agricoles, où ce mode de traitement de la pomme de terre n'est pas devenu en usage.

Dans un élevage de quelque importance, où l'on prépare la bouillie de fécule pour un certain nombre de veaux à la fois, la vachère éprouve quelque difficulté à faire exactement la part de chacun. Il serait désirable de simplifier sa tâche.

L'élevage au lait écrémé sucré a donné de bons résultats à M. Malpeaux, à l'Ecole pratique de Berthonval. L'exonération des droits sur le sucre destiné au bétail a rendu son emploi avantageux pour cet usage. Sa digestion est sans doute moins facile que celle de la fécule, puisque M. Malpeaux conseille de ne pas donner plus de 100 grammes de sucre pour commencer, alors que, sans inconvénient aucun, nous débutons régulièrement par 350 grammes de fécule.

Nous inviterions volontiers les grandes exploitations à essayer de combiner les deux genres de nourriture. Les veaux recevraient tout d'abord, avec les sept litres de lait centrifugé, 350 grammes de fécule La quantité de fécule resterait invariablement la même, ce qui permettrait de faire facilement à chacun sa part, dans la bouillie préparée pour tous. Chaque litre de lait ajouté dans la suite serait additionné de 50 grammes de sucre. De cette manière, on devrait arriver, nous semble-t-il, à avoir dans un élevage important, des résultats aussi satisfaisants que l'on obtient, quand on nourrit seulement un ou deux veaux en même temps.

DE LA DIGESTIBILITÉ

DES

PRINCIPES AZOTÉS CHEZ LES ANIMAUX

par MM. André GOUIN

Correspondant de la Société Nationale d'Agriculture de France

et Pierre ANDOUARD

Directeur de la Station Agronomique de la Loire-Inférieure.

Au dernier Congrès, nous avons exposé un ensemble d'observations personnelles dont les conclusions ont pu paraître hardies, bien qu'elles ne se trouvent sur aucun point en désaccord sérieux avec les théories scientifiques modernes.

.Parmi les faits que nous avons sommairement signalés, il en est un sur lequel il nous paraît utile de retenir l'attention, c'est le peu d'aptitude que montrent les jeunes ruminants, pour digérer les substances azotées, quand la période du sevrage est terminée.

Des coefficients de digestibilité. — Lorsque à la suite d'un travail considérable, Wolff eut constaté la composition chimique de plusieurs centaines d'aliments en usage pour le bétail, il lui fut facile, grâce à la loi d'Henneberg, d'indiquer pour chacun d'eux la proportion des hydrates de carbone digestibles. Il crut pouvoir attribuer, en même temps, des coefficients de digestibilité à la protéine, en les établissant sur des bases voisines de celles dont l'exactitude pour les hydrates de carbone était amplement reconnue. Wolff a pris soin de présenter ses coefficients azotés comme provisoires. Il ne se dissimulait pas, du reste, que quel qu'en fût le nombre les observations qu'il pourrait continuer à multiplier seraient insuffisantes pour donner à ces coefficients le caractère de certitude qu'il n'osait leur reconnaître.

L'étude de la digestion azotée nécessite une installation spéciale et la collaboration permanente du chimiste. C'est une œuvre de longue haleine et qui ne supporte guère d'interruption, la monotonie de sa répétition journalière et l'assujétissement auquel elle oblige sont certes de nature à diminuer le nombre de ses adeptes. Aussi ne doit-on guère s'étonner si beaucoup d'expérimentateurs, au lieu de chercher à déterminer eux-mêmes le degré de digestibilité des aliments employés, ont emprunté les coefficients de Wolff, avec une confiance à laquelle celui-ci avait été loin de les engager.

Détermination indirecte de la digestibilité azotée. — Pour diminuer le travail, on se contente le plus souvent de doser l'azote dans les aliments et les fèces. On considère comme digéré tout ce qui ne se retrouve pas dans ces dernières. Ce procédé, par trop simple, expose à des erreurs grossières.

Les fèces sont loin de contenir toujours la totalité de l'azote que l'organisme n'a pas utilisé. Une partie, souvent notable, échappe à nos investigations, expulsée sous forme d'ammoniaque à la suite de fermentations microbiennes qui s'exercent dans l'intestin, aux dépens des matières ligneuses et peu digestibles des aliments. C'est ce que nous avons constaté, quand nous avons donné à nos jeunes animaux du trèfle incarnat séché et surtout du foin de luzerne. Avec cette dernière nourriture, l'odeur caractéristique des fèces, au moment même de leur expulsion, constitue un indice sur lequel on ne saurait se méprendre.

S'il est facile de préserver l'urine de toute perte ammoniacale, au moyen d'antiseptiques, la chose devient à peu près impossible pour les fèces, dès qu'elles atteignent un certain degré de consistance. D'ailleurs, que la fuite d'azote se produise dans l'intestin, ou avant que l'échantillon des matières expulsées soit prélevé pour le dosage, et attaqué par l'acide sulfurique, elle n'en reste pas moins toujours à craindre. C'est commettre une imprudence que de calculer la digestibilité de la protéine d'après les quantités d'azote dosées dans les fèces. Nos propres constatations, à ce sujet, s'accordent entièrement avec celles que nous fournissent les travaux de nos devanciers.

Dans les bilans de la nutrition azotée établis par Henneberg, vers 1860, pour des animaux dont le poids dépassait 560 kilogrammes, nous relevons, 19 fois sur 22, des pertes d'azote dont la moyenne atteignait 18^{gr},50.

Dans une seconde série, avec des sujets de 600 kilogrammes environ, la perte moyenne s'est élevée à 36 grammes, dans 45 cas sur 46.

Enfin, dans une troisième série de 1868 à 1871, et dans laquelle le bilan du carbone a accompagné celui de l'azote, 10 fois sur 13 la balance de l'azote, a accusé comme déficit environ 24 grammes.

Emery et Kilgore en établissant, en 1893, le bilan de trois bœufs, ont abouti à une fuite moyenne de 29 grammes d'azote.

Kuhn et Kellner, les célèbres expérimentateurs, ont opéré également sur des sujets adultes (bœufs de 6 à 8 ans), dont les tissus, par conséquent, avaient cessé depuis longtemps de s'accroître. Malgré les précautions les plus minutieuses, il leur a été impossible, dans 42 cas sur 60, de retrouver dans l'urine et les fèces la totalité de l'azote ingéré.

Dans une étude assez récente, entreprise à la Station d'expériences de Pennsylvanie, et où le foin de trèfle a constitué la principale nourriture d'un bœuf en observation, la balance azotée semble également accuser une perte d'azote.

Un seul procédé nous paraît susceptible d'offrir toute sécurité : c'est la détermination directe des quantités d'azote réellement utilisées.

Détermination directe de la digestibilité azotée. — Lorsque nous possédons le *bilan complet* de la nutrition, pendant une période suffisamment longue, ce qui est indispensable pour permettre d'apprécier exactement les progrès de la croissance, nous comptons comme digéré :

1° l'azote retrouvé dans l'urine;

2° l'azote fixé dans l'organisme pour l'accroissement du corps. Si l'ensemble ajouté à l'azote des fèces n'atteint pas la totalité de ce que les aliments ont fourni, il y a eu fuite, et cette fuite porte sur l'azote inutilisé; nous le démontrerons plus loin.

Nous estimons que chaque kilogramme gagné par un jeune animal, avec une ration qui ne surcharge pas d'eau ses tissus, doit absorber 35 grammes d'azote, dans la période où la croissance est en pleine activité et ne s'accompagne que d'un faible dépôt de graisse. Wolff évaluait la proportion d'azote fixé à 31 grammes chez le bœuf en état moyen, et n'ayant que 8.70 °/₀ de graisse. Il ne tenait pas compte de la dépouille, dont la teneur azotée est supérieure à celle de l'ensemble du corps. Les résultats des recherches analogues à celles de Lawes et Gilbert, entreprises, il y a quelques années, à la Station d'expériences du Maine, aux Etats-Unis, sur des animaux déjà à moitié gras et sacrifiés à l'âge de 17 mois. ne nous semblent pas de nature à infirmer nos chiffres.

Dans le tableau qui suit, nous indiquons à la fois les taux de digestibilité tels qu'ils résultent de nos bilans de nutrition, et ceux qui sont simplement déduits des résidus azotés recueillis dans les fèces:

ANNÉE DE L'EXPÉRIENCE.	1904 1ᵉʳ SUJET.	1904 2° SUJET.		1905 LE MÊME SUJET.		1906	1907
		a	*b*	*a*	*b*		
Durée de l'expérience......... jours	56	49	42	48	98	84	91
Age moyen................... jours	217	140	185	158	253	209	180
Croissance journalière.... grammes	643	740	854	937	896	946	629
Hydrates de carbone, proportion digestible :							
1° d'après les tables......... %	65.00	73.13	63.86	79.50	69.12	59.01	71.71
2° en réalité................. %	66.20	70.66	70.64	78.65	71.64	65.00	71.22
Digestibilité des azotés :							
1° d'après les tables.......... %	84.28	82.38	84.19	80.55	75.33	76.80	81.21
2° déterminée directement.... %	57.28	44.67	50.00	54.63	51.94	50.49	51.85
3° déduite des fèces.......... %	57.28	47.83	66.00	62.96	55.81	53.40	51.85
Azote provenant des légumineuses %	néant	néant	53.7	33.3	45.0	néant	néant
Fuites d'azote................. %	»	3.3	14.7	7.4	4.7	2.9	»

Ainsi que ce tableau l'indique, dans quatre expériences sur sept, nous nous sommes abstenus de donner des légumineuses. Dans deux de celles-ci, les fuites d'azote se sont réduites à néant, de sorte que pour elles la détermination directe ou indirecte de la digestibilité azotée aboutit aux mêmes résultats; dans les deux autres, l'écart ou la déperdition d'azote reste aux environs de 3 °/₀.

Le taux de la fuite est notablement plus élevé pour le sujet de 1905, qui consommait du trèfle incarnat à l'état sec. Il devient important (14,7 °/o) dans l'expérience B sur le deuxième sujet de 1904, dans la ration azotée duquel un foin de luzerne entrait pour 53,7 °/o. On remarquera que pour le même animal, dans l'expérience qui précédait celle-ci, la perte d'azote n'atteignait que 3,3 °/o.

Dans le cas de l'expérience avec luzerne, quelle origine attribuer à la fuite? Il nous paraîtrait bien invraisemblable de supposer qu'elle se soit produite dans l'urine. Sitôt son émission, et après un trajet d'un mètre à peine sur un sol cimenté, celle-ci tombait dans un récipient où elle se trouvait en contact avec 30 c. c. d'acide sulfurique, quantité plus que suffisante pour prévenir de toute fermentation un volume journalier de trois litres d'urine.

Aussitôt la journée terminée (à 5 où 6 heures du matin, suivant la saison), un échantillon proportionnel était prélevé, puis immédiatement transformé en sulfate d'ammoniaque. Les produits de chaque opération, amenés à un volume égal par addition d'eau, étaient réunis dans un échantillon commun. A la fin de la semaine, la distillation de l'ammoniaque s'opérait en double, sur place et à la Station agronomique.

Le même procédé était suivi pour les fèces, si ce n'est que ces dernières étaient mélangées, dans le récipient où on les ramassait, avec un litre d'eau contenant 15 grammes de formol. Leur état de compacité (21,51 °/o de matières sèches) s'opposait à ce qu'elles fussent complètement imprégnées de l'antiseptique. Il ne nous paraît pas moins peu croyable qu'en l'espace de moins d'une journée, dans un vase couvert et à la température ordinaire, elles aient pu perdre 30 °/o de l'azote initial. La perte avait évidemment commencé avant le moment de leur expulsion.

D'autre part, il serait d'autant plus difficile d'admettre que cette perte était d'origine urinaire, qu'il faudrait alors nécessairement conclure que, dans la luzerne, l'azote est digestible à un plus haut degré que dans le lait et dans tous les aliments concentrés fournis à nos sujets d'études.

De plus, si une erreur isolée reste dans les choses possibles, il faut remarquer que chaque opération s'est répétée pendant six semaines, dans deux laboratoires différents, et que d'une semaine à l'autre les pertes n'ont pas beaucoup varié. Comme nous l'avons déjà dit, elles n'étaient que de faible importance, pendant les sept semaines qui ont précédé l'expérience à la luzerne.

Influences sur la digestibilité azotée du rapport entre la protéine et les autres composants des rations.

I. — Wolff supposait que la digestibilité azotée dépendait, pour la majeure partie, du rapport existant entre les extractifs non azotés et la cellulose. Il admettait pourtant que la composition de l'ensemble de la ration était de nature à influer sur la digestion de la protéine. Cette réserve de Wolff lui-même doit être rappelée à ceux qui prêtent, aux chiffres de ses tables, la valeur absolue qu'il était loin de leur attribuer.

Nos expériences montrent que les coefficients de la digestibilité azotée ne sauraient être établis sur une semblable base. Les écarts entre nos résultats et les prévisions des tables de Wolff sont considérables. Ils varient entre 45,03 °/o (observation 1905 B) et 84,42 °/o (observation 1904, second sujet A).

II. — Le rapport entre la protéine et la cellulose ne régit pas davantage la digestibilité azotée.

Dans trois de nos expériences, la proportion de la protéine fournie par des aliments dépourvus de cellulose, ou qui en contenaient dix fois moins que de matières azotées, s'est élevée en moyenne à 75,35 °/₀; dans trois autres, elle n'a été que de 45,81 °/₀. Or, tandis que dans les premières, le taux de la digestibilité azotée ne dépassait pas 51,02 °/₀, dans les dernières, non seulement il ne fléchissait pas sous une influence nuisible qu'aurait exercée la cellulose, mais il était même légèrement supérieur à 51,76 °/₀.

III. — La proportion des sucres par rapport à la protéine n'influe pas davantage sur sa digestibilité. Les aliments, dans lesquels l'importance des sucres ne dépassait pas deux fois celle de la protéine, se sont trouvés en proportion de 56,94 °/₀ dans quatre cas, et dans les trois autres de 36,65 °/₀ seulement. Malgré cela, les taux de digestibilité se sont maintenus voisins.

IV. — L'ensemble des extractifs non azotés et de la cellulose n'exerce pas plus d'action sur la digestibilité azotée que chacun de ces éléments pris à part.

Nous croyons superflu d'en entreprendre également la démonstration.

V. — Dans tout ce qui précède, nous ne nous sommes pas occupés de l'influence que les diverses classes de principes nutritifs, considérées en bloc, peuvent exercer sur la digestibilité de l'azote.

En ce qui concerne les hydrates de carbone, on sait que cette influence est nulle. En est-il autrement pour la protéine? Les chiffres qui suivent ne permettent pas de le penser :

TAUX de la DIGESTIBILITÉ AZOTÉE. %	AUTRES ÉLÉMENTS DE LA RATION RAPPORTÉS A UN DE PROTÉINE		
	digérés.	non digérés.	ensemble.
57.28	2.90	1.90	4.80
54.63	3.30	0.89	4.19
51.94	3.93	1.56	5.49
51.11	4.19	1.72	5.91
50.49	3.91	2.05	5.96
50.00	1.91	0.82	2.73
44.61	2.71	1.44	4.15

L'ensemble de ces résultats se trouve en contradiction avec l'opinion généralement admise, opinion que nous partagions nous-mêmes, avant d'avoir poursuivi les longues études dont nous produisons les conclusions. Les expériences sur lesquelles nous les appuyons actuellement embrassent 545 journées et ne comprennent qu'une partie de nos recherches. Il en résulte que la digestibilité des principes azotés n'est pas sous la dépendance des substances ternaires, cellulosiques ou non, qui entrent dans la composition, tant de chaque aliment que de l'ensemble du rationnement.

VI. — Que l'alimentation soit riche ou pauvre en matières azotées, et bien que la puissance digestive des jeunes bovidés à l'égard de la protéine se montre assez restreinte, le taux de la digestibilité se maintient sensiblement le même. Dans trois cas, avec un apport moyen de 302 grammes de protéine par 100 kilogrammes de l'animal, le coefficient fut de 51,18 %, dans trois autres, il a été de 52,19 % avec 398 grammes de protéine. Enfin, avec un régime surazoté qui fournissait 587 grammes de protéine par 100 kilos, la proportion digérée n'en a pas moins atteint 50 %.

VII. — Dans les conditions normales, le taux de la digestibilité ne change pas, que la croissance s'effectue avec lenteur ou avec rapidité. Il suffit, pour s'en rendre compte, de comparer les chiffres de la croissance avec ceux de la digestibilité que nous avons donnés dans notre premier tableau.

Nature des influences qui s'exercent sur la digestibilité azotée. — Après avoir montré qu'aucune action sur la digestion de la protéine n'avait été exercée par les divers facteurs alimentaires des rations, il nous reste à expliquer la raison des variations assez limitées que nous avons constatées dans les taux de la digestibilité azotée.

Il existe entre le veau de lait et le même animal devenu un ruminant, des différences physiologiques considérables. Plus le veau est jeune et plus les dépenses vitales sont minimes. Elles augmentent ensuite rapidement. A l'aide de quels artifices la nature parvient-elle à les atténuer dans des proportions qui, au début de la vie, sont énormes ? Nous ne voudrions pas encore tenter une explication. Nous nous contenterons de signaler certain fait qui nous paraît très saillant. Parmi les différences les plus marquées entre le veau de lait et l'élève de six mois, le changement du taux de la sécrétion urinaire ne saurait passer inaperçu. Nous avons vu la quantité journalière d'urine émise par les veaux de lait dépasser 16 % de leur propre poids, alors qu'elle tombe à 1 ou 2 % avant qu'ils aient atteint l'âge de six mois.

Au début de la vie, plus de 90 % de la matière azotée est digérée. Une proportion presque égale des phosphates évacués est éliminée par les reins. A mesure que l'acide phosphorique diminue dans l'urine et que celle-ci devient moins abondante, la digestibilité des substances protéiques fléchit, c'est ce dont le tableau suivant ne permet pas de douter.

	AGE.	URINE PAR 100 KILOG.	PROPORTION DU P^2O^5 évacué par le rein.	COEFFICIENT DE LA DIGESTIBILITÉ azotée.
	jours	grammes	%	%
Veau.	52	12.395	83.08	88.96
Veau.	91	6.415	62.99	70.49
1904 premier sujet	217	7.165	20.43	57.28
1905 A	158	3.800	22.81	54.63
1905 B	253	4.567	5.57	51.94
1907	180	3.275	11.76	51.11
1906	209	1.255	traces	50.49
1904 deuxième sujet B	185	1.770	»	50 »
— — A	140	1.263	»	44.67

Si le premier sujet de 1904 émettait une quantité d'urine aussi forte, c'est que nous avions surchargé son alimentation de sels diurétiques. De ce fait, la digestion azotée s'est trouvée sensiblement améliorée, mais, par contre, les dépenses vitales ont subi une augmentation sérieuse.

On peut remarquer que la deuxième génisse de 1904, dans l'expérience A, a digéré une proportion d'azote plus faible que les autres. La cause en fut sans doute aux exigences de notre étude, qui nous obligèrent alors, pendant quelque temps, à lui donner une alimentation insuffisante en sels calcaires.

Conclusion.

L'ensemble de nos expériences nous amène à conclure qu'à partir de l'âge de 5 à 6 mois, et au moins pendant tout le reste de la période de croissance active, la digestion azotée d'une ration quelconque est sensiblement égale à la moitié de sa teneur en azote. Nous envisageons naturellement une ration susceptible d'être consommée en quantité telle, qu'elle apporte à l'animal toute la protéine nécessaire à ses besoins, ce qui ne serait pas le cas avec une alimentation trop chargée de cellulose.

Alors que le taux de digestibilité des matières azotées ne dépasse guère 50°/₀, nous voyons que les hydrates de carbone sont utilisés dans une proportion moyenne beaucoup plus élevée. Il y a donc tout profit, surtout quand on se trouve obligé d'acheter des aliments complémentaires, à maintenir dans de justes limites l'apport des substances azotées.

Les études que nous avons continuées l'an passé apportent une nouvelle confirmation à ce que nous avons déjà énoncé. Sans avoir recours aux coefficients peu exacts des tables, on peut se tenir pour assuré que toute ration est suffisamment pourvue d'azote, quand elle permet au jeune animal, susceptible de gagner un kilogramme par jour, d'absorber une première quantité fixe de 440 grammes de protéine, et une deuxième égale à 120 grammes par 100 kilos de son propre poids. Cette double quantité sera digérée en proportion suffisante pour fournir amplement les matériaux de sa croissance et pourvoir, en même temps, à tous les autres besoins azotés de son organisme.

Nous avons tenu à limiter nos conclusions aux animaux de six mois à un an. Nous ne nous considérons pas comme autorisés par nos propres observations à les étendre à ceux d'un âge plus avancé ; toutefois, si nous envisageons les expériences que d'autres ont faites sur les adultes, les résultats ne nous semblent pas fort différents des nôtres.

C'est surtout à l'étranger que nous trouvons des études de ce genre.

Les premières observations eurent lieu autrefois en Allemagne, mais leur durée, généralement trop écourtée, enlève à leurs résultats beaucoup d'autorité. Dans les plus longues de ces recherches, nous constatons qu'Henneberg et ses collaborateurs ayant expérimenté pendant dix-neuf jours sur des bœufs adultes, exclusivement nourris de trèfle sec, n'ont trouvé dans l'urine que 46.51 et 47.06°/₀ de l'azote consommé. Les tables indiquent la proportion de 70 °/₀.

Dans une autre série d'expériences, où le bilan du carbone accompagnait celui de l'azote, deux bœufs dont le poids dépassait 700 kilos ont été alimentés avec du foin de trèfle, de la paille d'avoine et de la farine de fèves. Les tables prévoyaient une digestibilité de 69.33 °/₀ pour l'azote. En réalité, elle s'est réduite à 54.84 et 54.90 °/₀.

Enfin, pour un autre bœuf également âgé, avec une nourriture composée des mêmes aliments, mais qui ne contenait guère que la quantité d'azote nécessaire à ses besoins, la digestibilité moyenne s'est réduite à 46.13 °/₀. Les tables la calculaient à 58.04 °/₀.

De très belles études comprenant le bilan du carbone ont été poursuivies, ces dernières années, à la Station d'expériences de Pennsylvanie, mais nous n'y relevons pas des éléments d'appréciation certains, car pour les besoins de ces études, l'alimentation a subi des changements qui ont rompu l'équilibre azoté du corps.

Dans d'autres essais entrepris précédemment à cette même Station, nous constatons que trois bœufs nourris exclusivement de fléole ont digéré respectivement 53.75, 50.71 et 49.37 °/₀ de l'azote consommé, au lieu de 60 °/₀ que les tables indiquaient.

Au dernier Congrès de l'alimentation rationnelle du bétail, dans le rapport si intéressant, mais malheureusement trop bref que M. Mallèvre présentait sur les expériences danoises, nous remarquons que la vache n° 68, la seule pour laquelle nous possédons des chiffres, digérait 48.70 °/₀ des matières azotées, alors que les tables fixaient le coefficient de leur digestibilité à près de 70 °/₀.

Ainsi, partout, et quelle que soit la composition des rations, nous voyons le taux de digestibilité azotée osciller aux environs de 50 °/₀. Ces constatations, s'il en était besoin, viendraient confirmer celles que nous avons faites sur nos jeunes animaux, et sembleraient même permettre d'étendre nos conclusions aux bovidés adultes.

De la digestibilité vraie.

1° Ceux qui opèrent sur des bœufs déjà vieux peuvent, en leur appliquant sur le train postérieur un appareil approprié, recueillir des fèces indemnes de tout mélange.

La turbulence du jeune âge se prêterait mal à l'usage de ce dispositif. L'effet des moyens de contention auxquels il faudrait avoir recours serait de nature à diminuer l'appétit et à ralentir la croissance, par suite à compromettre le résultat des expériences qu'on se serait proposé de poursuivre. Nous devons donc nous résigner à recueillir dans les fèces des animaux, avec quelques poils, les pellicules abandonnées par leur épiderme.

Cette source d'erreur est minime. Si nous nous en rapportons aux constatations de la Station de Pennsylvanie, elle n'atteindrait pas un demi-gramme d'azote pour les plus grands de nos élèves.

2° Lorsqu'on cherche à apprécier la digestibilité d'une alimentation quelconque, il est d'usage de considérer comme non digérée la totalité de l'azote trouvé dans les excréments solides. Cela n'est pas rigoureusement exact. Une portion des sucs digestifs sécrétés par l'intestin se trouve entraînée dans les fèces, avec des débris de l'épithelium intestinal. Il y a là une source d'azote incontestable.

Depuis longtemps déjà, on a cherché à déterminer dans les fèces l'importance de cet azote d'origine non alimentaire.

Chez l'homme, avec une alimentation complètement dépourvue d'azote, on a pu trouver dans les excréments solides 0^{gr},70 d'azote.

De nombreuses observations ont été faites sur des chiens de forte taille. Pour onze d'entre eux, d'un poids voisin de 30 kilogr., et consommant en moyenne 800 grammes de viande, avec une certaine quantité d'amidon, les fèces ont fourni 0^{gr},65 d'azote. Si l'on se rend compte que cet azote provient en partie de la viande, qui n'est point entièrement digérée, on doit reconnaître que, chez ces chiens, l'appoint d'azote fourni par l'organisme est resté assez minime.

Tsuboï a constaté, sur un chien de 17 kilogr. une perte d'azote, par les fèces, de 0^{gr},14 pendant une période d'inanition. Cette perte se montra plus forte et varia de 0^{gr},24 à 0^{gr},57 avec une nourriture non azotée, suivant l'importance de la quantité consommée.

Pour les ruminants, nous sommes réduits à de simples suppositions dénuées de toute base sérieuse. Il serait impossible, croyons-nous, d'observer sur eux l'effet d'un rationnement totalement privé d'azote. Il faudrait avoir recours à une alimentation qui s'écarterait trop des conditions normales pour qu'on pût se permettre de tirer aucune conclusion des résultats obtenus.

Certains expérimentateurs ont supposé que la digestion artificielle des fèces, ou l'emploi de réactifs chimiques, pourraient, en opérant la séparation des principes azotés digestibles, leur donner la solution du problème. C'est une erreur, à notre sens. Dans l'azote digestible, on ne saurait manquer de trouver, en même temps que l'azote provenant de l'intestin, une partie notable de celui que les aliments contiennent. Notre travail vient de montrer combien les ruminants sont médiocrement organisés pour digérer les substances azotées, dont ils se font du reste un besoin assez limité.

S'il fallait des exemples, nous citerions nos deux expériences de 1905, où 28 °/₀ de l'azote total étaient fournis par le lait, et celle de 1906 où l'azote provenant du lait atteignait 36 °/₀.

Le lait passe pour entièrement digestible, or, dans les trois cas, la proportion d'ensemble de l'azote digéré ne s'est élevée qu'à 54.63, 51.94 et 50.49 °/₀. Pour nous borner à la dernière expérience, si l'azote du lait avait été complètement digéré, le surplus fourni pour 30 grammes par de l'avoine, 31 grammes par le foin et 5 grammes par la poudre d'os, ne l'aurait été que dans la proportion infime de 30 °/₀, ce qui ne paraît guère vraisemblable. Les tables ont prévu 64 °/₀.

Il est donc manifeste que les ruminants sont fort loin de digérer la totalité des matières azotées digestibles qu'ils consomment, et qu'actuellement, tout au moins, nous ne possédons pas le moyen de déterminer, d'une manière absolue, la proportion dans laquelle la protéine est utilisée par eux.

L'intérêt de la question, il faut le reconnaître, reste d'ordre purement scientifique. Si les besoins azotés des animaux dépassent légèrement ce que nous avons constaté, en ne tenant pas compte de la perte d'azote intestinal, par contre nous avons été amenés à attribuer à la digestibilité de l'azote des aliments un coefficient quelque peu inférieur à la réalité, en négligeant les prélèvements opérés par l'intestin pour réparer ses pertes.

Ces deux sources d'erreurs, assurément assez minimes, ne sauraient manquer de s'équilibrer. Le praticien n'a pas besoin de s'en préoccuper.

LES PULPES SÈCHES

DANS

L'ALIMENTATION DU BÉTAIL

PAR

L. MALPEAUX

Directeur de l'École pratique d'Agriculture de Berthonval (Pas-de-Calais).

Les pulpes de sucrerie représentent environ la moitié des betteraves travaillées et on peut évaluer à 4 millions de tonnes la quantité de ces résidus qui est produite annuellement en France et qui doit être évacuée des usines pendant les quelques mois de fabrication.

Le seul procédé d'extraction du sucre actuellement employé en sucrerie, la diffusion, consiste en une extraction pure et simple du sucre de betterave par l'eau chaude ; il n'intervient pas d'agent chimique pendant la fabrication et les tissus végétaux qui forment les cossettes ne subissent aucune modification. On retrouve dans les pulpes tous les éléments insolubles de la betterave, ce qui en fait une des sources les plus précieuses de l'engraissement et de la production du lait.

Malheureusement c'est sous forme d'un résidu essentiellement aqueux que l'agriculture récupère les éléments nutritifs qui accompagnent le sucre dans les racines. A la sortie des diffuseurs, la pulpe forme une véritable bouillie contenant à peine 5 à 6 °/₀ de matière sèche ; mais avant d'être livrée aux cultivateurs, elle est soumise à l'action de presses qui expriment une partie de l'eau et en font une matière qui renferme encore 90 à 91 °/₀ d'eau. On a souvent demandé de fixer une limite voisine de 12 °/₀ de matière sèche ; mais outre qu'il serait difficile d'arriver à un épuisement convenable des cossettes dans les usines où la diffusion se fait à la température de 85° et même de 88°, le liquide, qu'une pression excessive ferait sortir des pulpes, contiendrait une quantité non négligeable de principes nutritifs qui seraient perdus pour l'alimentation. Ces considérations limitent donc à une teneur en matière sèche voisine de 10 °/₀, l'état sous lequel les pulpes de diffusion sont livrées à la culture.

Généralement les pulpes sont enlevées des usines au fur et à mesure des livraisons de betteraves ; elles sont mises en silos creusés directement dans le sol ou établis en maçonnerie, et consommées immédiatement ou après quelques mois de conservation.

Les pulpes ensilées fermentent rapidement; les cellules des cossettes se désagrégent peu à peu et toute la masse se transforme en une pâte homogène et blanche, lorsque la conservation s'est faite dans de bonnes conditions.

Les pulpes subissent des pertes assez importantes qui s'élèvent à 30 °/₀ du poids brut après quatre mois d'ensilage. Les matières nutritives se transforment et disparaissent en partie, comme le montrent les chiffres suivants qui résultent des analyses faites au laboratoire de l'école d'agriculture de Berthonval :

| | COMPOSITION % | | | |
	PULPE FRAICHE.	APRÈS 4 MOIS.	APRÈS 6 MOIS.	APRÈS 8 MOIS.
Matière sèche............	8.60	7.06	6.94	5.92
Matières azotées totales..	0.95	0.78	0.69	0.69
Azote alimentaire........	0.135	0.105	0.083	0.082
Azote non alimentaire....	0.017	0.020	0.035	0.040
Matières grasses.........	0.04	0.07	0.18	0.21
Matières minérales......	0.65	0.57	0.68	0.61
Hydrates de carbone.....	2.76	1.80	1.25	1.00
Cellulose...............	2.00	1.54	1.84	1.52

La pulpe est donc l'objet pendant l'ensilage d'une transformation préjudiciable à sa valeur nutritive. Les hydrates de carbone sont fortement attaqués, la proportion d'azote albuminoïde diminue et les matières minérales sont entraînées en partie dans les eaux d'égout. Il est donc bien évident que l'énorme perte inhérente à la conservation des pulpes humides n'est pas compensée par une valeur alimentaire plus grande du produit qui reste. La teneur en eau est d'ailleurs à peu près aussi grande dans les pulpes ensilées que dans les pulpes fraîches.

Comparée à la betterave, la pulpe présente un coefficient de digestibilité plus élevé; la cellulose notamment est mieux utilisée. On peut s'expliquer cette différence par l'état de division extrême de la matière et par la cuisson qui se produit pendant la fermentation. Mais si le régime des pulpes convient admirablement bien pour l'exploitation des bovidés et des moutons que l'on soumet à l'engraissement, il peut présenter des inconvénients en ce qui concerne la production du lait.

Personne n'ignore que la pulpe employée en assez forte proportion dans la nourriture des vaches laitières donne au lait une saveur spéciale et des propriétés qui le rendent peu favorable lorsqu'il s'agit de l'alimentation des nourrissons. La mamelle est, en effet, un émonctoire par où s'éliminent les principes toxiques introduits dans la ration des femelles en lactation, et une nourriture aussi riche en microbes que la pulpe ensilée contient nécessairement des toxines en abondance. Les nombreux cas de gastro-entérite observés chez les enfants soumis à l'allaitement artificiel en sont la preuve.

La conservation des pulpes humides peut présenter d'autres inconvénients. C'est ainsi que dans les silos non cimentés, l'écoulement des eaux chargées de matières organiques putrescibles, à travers les couches perméables du sol peut être une cause de contamination des sources et des puits.

Il paraît, par suite, absolument rationnel de donner aux pulpes une forme telle que la conservation puisse se poursuivre pendant de longs mois sans altérations, et que le transport ait lieu aussi facilement que celui des autres fourrages. C'est un problème qui est actuellement résolu grâce à la dessiccation.

Celle-ci, qui est très pratiquée en Allemagne et en Autriche et qui commence à se propager en France, se fait par différents procédés :

Par la vapeur (procédé Sperber de Vienne);

Par les gaz chauds produits spécialement pour la dessiccation (procédés Buttner et Meyer, Pétry et Hecking, etc.);

Par les gaz chauds en utilisant la chaleur perdue par les gaz à la sortie des générateurs (procédé Huillard).

Le premier procédé donne une pulpe desséchée très peu colorée, les cossettes ne se trouvant en contact qu'avec des tôles chauffées par la vapeur. Le produit obtenu est donc d'un aspect très séduisant, mais la consommation du charbon pour 100 kilos de cossettes sèches produites est élevée ; l'installation est également fort coûteuse.

Le troisième procédé est encore à la période d'études ; l'idée première est bonne, mais la réalisation présente un certain nombre de difficultés. En tout cas il est bon d'appliquer ce procédé avec des charbons maigres autant que possible, pour alimenter les générateurs de vapeur, à moins que ceux-ci ne soient pourvus d'appareils fumivores.

Les procédés Büttner et Meyer ou Pétry et Hecking sont les plus répandus en Allemagne; c'est avec celui de Pétry et Hecking que les frais d'installation sont les moins élevés.

L'appareil se compose en principe de deux parties : un foyer et un cylindre de séchage. Pour produire les gaz chauds, on emploie généralement une grille mécanique à grand rendement, la quantité de chaleur à produire étant considérable.

La consommation de charbon est de 60 à 70 kilos par 100 kilos de cossettes sèches. On compte que 1.000 kilos de pulpe humide produisent environ 120 kilos de pulpe sèche à 10 °/₀ d'eau ; autrement dit, il faut 900 kilos de pulpe humide pour 100 kilos de pulpe sèche. On estime généralement que 100 kilos de betteraves donnent 50 kilos de pulpe de diffusion épuisée; par conséquent, 1.800 kilos de racines correspondent à 100 kilos de cossettes séchées.

La pulpe de diffusion dont la teneur en eau est préalablement abaissée à 85 °/₀ au moyen de presses système Selvig et Lange, est introduite dans un cylindre sécheur qui tourne sur lui-même assez lentement et qui se trouve traversé par le mélange gazeux à haute température. A l'intérieur sont des cornières disposées en hélice qui forcent la pulpe à cheminer d'un bout à l'autre du cylindre. Arrivées à l'extrémité de ce premier cylindre, les cossettes passent à l'intérieur d'un second cylindre fixe concentrique au premier, et où elles achèvent de sécher en suivant un chemin inverse de celui qu'elles viennent de parcourir, grâce à des ailettes disposées en hélice que porte le cylindre n° 1. Elles sortent parfaitement sèches après ce second trajet et ne contiennent plus guère que 10 °/₀ d'eau. Il est inutile de chercher à les dessécher davantage, car elles reprennent cette quantité d'humidité lorsqu'on les abandonne à l'air.

Les gaz chauds sont constamment aspirés par un ventilateur et refoulés dans une cheminée après avoir fait leur office ; ils sont alors à une température de 150° environ et entraînent avec eux une grande quantité de vapeur.

La composition de la pulpe sèche a été déterminée à différentes reprises tant à l'étranger qu'en France. Voici les résultats que nous avons obtenus par l'analyse d'un de ces produits provenant de la sucrerie de Pont-d'Ardres (Pas-de-Calais). Nous mettons en regard les chiffres donnés par Pellet et ceux constatés avec une pulpe de Modritz en Autriche :

| | COMPOSITION % | | | |
| | PULPE DESSÉCHÉE DU PAS-DE-CALAIS | | PULPE DESSÉCHÉE DE MODRITZ | |
	Berthonval.	Pellet.	1.	2.
Eau	10	12	9 94	9.21
Matières azotées	7.47	8.10	6.81	8.03
Matières grasses	0.54	0.60	0.56	0.21
Hydrates de carbone	41.10	51.40	58.01	59.26
Autres mat. organiques	18.84	»	»	»
Cellulose	17.55	19	21	19.50
Matières minérales	4.50	4.40	3.68	3.79
Sucre	»	4.50	»	»

La proportion de sucre varie évidemment d'après la manière dont l'épuisement des cossettes a été assuré à la diffusion. Si cet épuisement laisse subsister 0,5 °/₀ de sucre dans la pulpe humide, il y aura environ 4.50 dans les cossettes sèches. Ce sucre qui disparaît dans la pulpe ensilée par suite des fermentations, n'est pas négligeable ; d'après les résultats de l'analyse de Pellet, 5 kilos de pulpe sèche introduiraient dans l'organisme plus de 200 grammes de sucre dont la digestibilité est totale.

Les pulpes sèches se conservent parfaitement en sacs dans les magasins, nous en avons depuis dix-huit mois dans un grenier et leur qualité ne laisse rien à désirer ; la teneur en eau ne dépasse pas 12,5 °/₀. Exposées à l'air, les cossettes reprennent une certaine quantité d'humidité. Nous donnons ci-après les résultats de nos observations faites sur deux échantillons, dont l'un était placé dans un local ordinaire et l'autre dans une pièce relativement humide :

| | Absorption d'eau % | |
| | local ordinaire. | local humide. |
	(expérience commencée le 29 septembre)	
Premier décembre 1906	1,5	3
10 — —	1,8	6,9
20 — —	2,1	8,7
10 janvier 1907	4,6	14,5
Premier mars 1907	5,8	Produit altéré

Emmagasinée dans un grenier sec, la pulpe sèche peut être d'une conservation prolongée.

La dessiccation des pulpes ne répond pas encore en France à un véritable besoin, les sucreries trouvant assez facilement, dans les années de production normale, à écouler dans leur rayon d'approvisionnement en betteraves la totalité de ces résidus ; il n'en est pas moins vrai cependant qu'elle pourrait rendre de véritables services, ne serait-ce que pour permettre la vente à de grandes distances. On prétend que la dessiccation des pulpes constitue un des éléments de supériorité des sucreries allemandes dans leurs moyens économiques de production ; dans quelques années toutes les usines, en Allemagne, seront organisées pour ne livrer que des pulpes sèches à leurs fournisseurs de betteraves. Le séchage, d'après certains documents publiés par le journal *la Betterave* procurerait aux fabricants un bénéfice brut de production supérieur à 3 francs par 1.000 kilos de betteraves. Nous laissons à l'auteur la responsabilité de ces chiffres qui paraissent s'éloigner de la réalité.

Les usines qui, en France, se sont organisées dans le but de pratiquer la dessiccation des pulpes, livrent ces produits à raison de 12 francs les 100 kilos. Ce prix est trop élevé, et les frais de séchage peuvent être établis de la façon suivante pour 100 kilos de cossettes séchées :

Combustible de force motrice nul, si la vapeur d'échappement du moteur est utilisée dans le travail des jus et la fabrication du sucre ; dans le cas contraire, pour un moteur de 50 chevaux à condensation, 2 kg. par cheval heure, soit 2.880 kil. à 26 francs $= 74$, pour 150 tonnes de pulpe $= 0^f,50$ par tonne, soit pour 900 kilos.. 0^f,45

Charbon de séchage, 62 kilos par 100 kilos de pulpe sèche à 26 francs les 1.000 kilos.. 1,61

Main-d'œuvre, 4 hommes par poste : 8 hommes à 5 francs $= 40$ francs : 150 tonnes de pulpe $= 0^f,26$ par tonne, soit pour 900 kilos.......... 0,23

Éclairage, huiles, graisse, acide.................................... 0,50

Entretien du matériel.. 0,54

900 kilos de pulpe à 5 fr. la tonne................................. 4,50

$$\text{Total.....................................} \quad 7^f,93$$

Ces chiffres n'ont pas la prétention d'être rigoureusement exacts, le calcul du prix de revient pouvant varier suivant les circonstances ; ils montrent cependant que la pulpe sèche vendue à raison de 10 francs les 100 kilos, laisserait encore une marge assez grande au bénéfice, à la condition, bien entendu, que la fabrication annuelle soit suffisamment importante.

La pulpe desséchée n'est jamais donnée à l'état sec, car en raison de sa grande tendance à absorber de l'eau elle pourrait occasionner les plus graves désordres dans l'organisme ; le meilleur moyen de l'utiliser est de lui restituer une partie de l'eau qu'elle a perdue au séchage. Les cossettes, préalablement mélangées s'il y a lieu, à d'autres aliments et notamment aux menues-pailles, sont formées en tas sur l'aire de la salle de préparation des rations et arrosées de 4 à 5 fois leur poids d'eau, en même temps qu'on les retourne à la fourche. D'après nos essais, la pulpe sèche peut retenir plus de 5 fois son poids d'eau, lorsque la préparation est faite assez longtemps à l'avance. On abandonne généralement les tas pendant 18 à 24 heures ; il en résulte un léger échauffement de la masse, par suite de la fermentation alcoolique, mais il est sans inconvénient. La pulpe se gonfle et reprend l'aspect de pulpe fraîche.

D'après O. Kellner, la valeur alimentaire de la pulpe desséchée est équivalente à celle d'une même quantité de matière sèche de la pulpe fraîche. Il était intéressant cependant de déterminer, par des essais pratiques d'alimentation, si les résultats que la théorie faisait prévoir pouvaient se réaliser.

C'est dans ce but que nous avons entrepris, à l'école d'agriculture du Pas-de-Calais, des expériences qui ont été poursuivies sur les vaches laitières et les moutons, c'est-à-dire sur les animaux qui dans les fermes consomment habituellement les pulpes ensilées.

Nous avons mis en comparaison la pulpe humide et la pulpe sèche et, comme nous avions préalablement déterminé leur composition respective, il nous a été facile d'établir nos rations de façon à distribuer la même quantité de matière sèche de chacun des produits.

Essais sur les vaches laitières.

Nos expériences ont porté sur un lot de six vaches de race flamande qui ont reçu alternativement, pendant deux périodes de quinze jours, une ration comportant soit de la pulpe humide ; soit de la pulpe sèche. Les quantités distribuées ont été calculées de manière à fournir par jour et par tête la même proportion de matière sèche. La pulpe employée avait 4 mois et demi d'ensilage et présentait la composition suivante :

	Composition %.	
	Pulpe fraiche.	Pulpe ensilée.
Matière sèche...................	10,20	11,40
Matières azotées..............	0,99	1,30
Matières grasses..............	0,06	0,30
Matières hydrocarbonées.......	6,03	6,14
Cellulose.....................	2,31	2,79
Matières minérales...........	0,81	0,87
Azote alimentaire.............	0,146	0,160
Azote non alimentaire........	0,013	0,047

Les rations distribuées présentaient la composition suivante :

1°. — Ration avec pulpe humide :

ÉLÉMENTS DE LA RATION.		MAT. SÈCHE.	MAT. AZOTÉES.	MAT. GRASSES.	HYDRATE DE CARBONE.
		kg	gr	gr	gr
Pulpe...................	40 kg.	4.500	400	120	2456
Foin de trèfle...........	5	4.200	405	70	1915
Son de froment.........	1	879	110	29	472
Tourteau lin............	1	882	247	96	298
Balles de blé...........	1,500	1.285	21	11	342
Totaux..................		11.746	1183	326	5493

Somme totale des principes nutritifs digestibles $= 1183 + 326 \times 2,4 + 5493 = 7^{kg},458$.

Relation nutritive — 1/5,3.

2°. — Ration avec pulpe sèche :

TABLEAU

ÉLÉMENTS DE LA RATION.		MAT. SÈCHE.	MAT. AZOTÉES.	MAT. GRASSES.	HYDRATE DE CARBONE.
		kg	gr	gr	gr
Pulpe sèche.............	5 kg.	4.500	343	27	2.997
Foin de trèfle...........	5	4.200	405	70	1.915
Son de froment..........	1	879	110	29	472
Tourteau de lin.........	1	882	247	96	298
Balles de blé............	1,500	1.285	21	11	342
Totaux.................		11.746	1.126	233	6.034

Somme totale des éléments nutritifs digestibles $= 1126 + 233 \times 2,4 + 6034 = 7^{kg},719$.

Relation nutritive 1/5,8.

La ration de pulpe était préparée 24 heures à l'avance et mélangée de balles de blé, à raison de $1^{kg},500$ par tête. La distribution avait lieu en deux fois, le matin à huit heures et le soir à 4 heures. Les vaches montraient une appétence particulière pour la pulpe sèche et la consommaient bien plus rapidement que la pulpe humide ensilée, bien que celle-ci fusse de parfaite conservation.

Les quantités de lait ont été mesurées à différentes reprises pour les trois traites de la journée. Nous n'avons pas cru devoir peser les animaux, car rien n'est plus variable que les poids des vaches, en gestation plus ou moins avancée.

Le tableau suivant donne la production du lait pour les différentes bêtes soumises à l'expérience :

DATES.	N° 1.	N° 2.	N° 3.	N° 4.	N° 5.	N° 6.	MOYENNE.
Première période							
	lit	lit	lit	lit	lit	lit	lit
13 avril..............	13.75	13.75	16.50	11.75	8.75	12.75	12.8
17 —	13.25	15.00	16.25	11.00	9.50	13.25	13.0
21 —	14.00	16.00	16.00	12.75	10.00	12.00	13.4
Moyennes............	13.6	14.9	16.25	11.8	9.4	12.6	13.1
Production en 15 jours.	204	223.5	243.75	177	141	189	196.5
Deuxième période							
26 avril..............	14.50	16.25	16.75	12.25	10.25	12.75	13.7
30 —	13.75	15.75	14.75	12.00	8.00	12.50	12.8
4 mai..............	13.25	15.50	15.25	12.00	8.25	11.75	12.6
Moyennes............	13.6	15.8	15.5	12.2	8.8	12.3	13.0
Production en 15 jours.	204	237	232.5	183	132	184.5	195

Comme on le voit, les différences journalières dans la production du lait sont très faibles et les variations constatées tiennent plutôt à l'éloignement de l'époque du vêlage qu'au régime auquel sont soumises les vaches en expérience.

Le lait a été analysé ; les déterminations de la matière grasse faites au Gerber ont donné les résultats suivants :

Première période.

DÉSIGNATION.	13 AVRIL		17 AVRIL		21 AVRIL		MOYENNES	
	MATIÈRE GRASSE		MATIÈRE GRASSE		MATIÈRE GRASSE		MATIÈRE GRASSE	
	litre.	jour.	litre.	jour.	litre.	jour.	litre.	jour.
Numéro 1............	31.2	426	28.2	373	30	420	29.7	406
— 2............	39.3	541	35.2	528	41	656	38.5	541
— 3............	31.2	514	34.1	554	35	560	33.4	542
— 4............	31	364	31	341	32	409	31.3	371
— 5............	29.2	255	28	266	30.1	301	29.1	274
— 6............	34	433	35	463	29.2	350	32.7	415
								425

Deuxième période.

DÉSIGNATION.	26 AVRIL		30 AVRIL		4 MAI		MOYENNES	
	MATIÈRE GRASSE		MATIÈRE GRASSE		MATIÈRE GRASSE		MATIÈRE GRASSE	
	litre.	jour.	litr .	jour.	litre.	jour.	litre.	jour.
Numéro 1............	29.2	423	31.2	429	29.2	402	29.8	416
— 2............	40	650	43	677	33.2	514	38.7	613
— 3............	35.1	587	40	590	41	584	38.7	590
— 4............	31	379	36	432	37	446	34.7	419
— 5............	28	287	35	296	32	264	31.6	277
— 6............	27.2	380	35	402	37	305	33	405
								453

La richesse du lait en matières grasses ne se modifie pas sensiblement sous l'influence du changement de régime , il semble même que la pulpe sèche donne un rendement en beurre un peu plus élevé.

Essais sur les moutons.

Les expériences ont été poursuivies pendant deux périodes de quatre semaines, du 20 avril 1907 au 15 juin, sur deux lots de 14 agneaux âgés de quatre à cinq mois et pesant respectivement 428 et 405 kilos. La pulpe sèche fut employée comparativement avec la pulpe humide et donnée alternativement à chacun des lots. Les quantités distribuées étaient calculées de façon à apporter la même proportion de matière sèche. Les rations présentaient la composition suivante :

TABLEAUX

DÉSIGNATION.	MAT. SÈCHE.	MAT. AZOTÉES.	MAT. GRASSES.	HYDRATE DE CARBONE.
1°. — *Ration avec pulpe humide*				
	gr	gr	gr	gr
Pulpes.................... 4 kg.	436	40	12	245.6
Tourteau de lin.......... 0.400	352	98.8	38.4	119.2
Paille de blé............ 0.500	428	4	2	178
Balles de blé............ 0.150	128	2.1	1.1	33
Totaux..................	1.364	144.9	53.5	575.8

Somme totale des principes nutritifs digestibles $= 144,9 + 53,5 \times 2,4 + 575,8 = 0^{kg},845$.

Relation nutritive $= 1/4,8$.

DÉSIGNATION.	MAT. SÈCHE.	MAT. AZOTÉES.	MAT. GRASSES.	HYDRATE DE CARBONE.
2°. — *Ration avec pulpe sèche*				
	gr	gr	gr	gr
Pulpe sèche.............. 0.500	450	35.3	2.70	299.7
Tourteau de lin.......... 0.400	352	98.8	38.4	119.2
Paille de blé............ 0.500	428	4	2	178
Balles de blé............ 0.150	128	2.1	1.2	33
Totaux..................	1.358	140.2	44.3	629.9

Somme des principes nutritifs digestibles $= 140,2 + 44,3 \times 2,4 + 629,9 = 0^{kg},875$.

Relation nutritive $= 1/5,2$.

Les animaux ont été pesés tous les huit jours, le matin à jeun ; le tableau ci-dessous indique les résultats obtenus :

DATES DES PÉSÉES.	PREMIER LOT			DEUXIÈME LOT		
	POIDS.	AUGMENTATION totale.	AUGMENTATION par jour et par tête.	POIDS.	AUGMENTATION totale.	AUGMENTATION par jour et par tête.
Première période. — 1er lot, pulpe humide ; 2e lot, pulpe sèche						
	kg	kg	gr	kg	kg	gr
20 avril................	428			405		
27 —	459	31	221	430	25	189
4 mai.................	486	27	193	459	29	207
11 —	499	13	195	490	31	221
18 —	525	26	185	519	29	207
Deuxième période. — 1er lot, pulpe sèche ; 2e lot, pulpe humide						
18 mai................	525			519		
25 —	552	27	193	548	29	207
1er juin..............	580	28	200	572	24	171
8 —	601	21	150	593	21	150
15 —	616	15	107	606	13	93

RÉCAPITULATION.	AUGMENTATION	
	TOTALE.	PAR JOUR ET PAR TÊTE.
	kg	gr
Ration avec pulpe sèche { 1re période	114 } 205	206 } 184
2e période	91	162
Ration avec pulpe humide { 1re période	97 } 184	173 } 164
2e période	87	155
Soit en faveur de la pulpe sèche	21	20^{gr}

Comme on le voit, les résultats obtenus par l'emploi de la pulpe sèche ont été absolument remarquables. Il était curieux de constater, du reste, l'avidité avec laquelle les agneaux consommaient ce résidu et le recherchaient de préférence à la pulpe humide. Comme pour les vaches laitières, les rations étaient préparées 24 heures à l'avance ; la pulpe sèche additionnée de 5 fois son poids d'eau était comme la pulpe humide associée à des balles de froment et distribuée en deux fois ; le matin à 9 heures et le soir à 5 heures.

Nous avons également donné la pulpe sèche aux brebis d'élevage ; ces dernières ont pu en consommer de 400 à 500 grammes par jour sans aucun inconvénient.

Résultats économiques.

Nous avons vu que la pulpe sèche vendue par les usines françaises au prix de 12 francs les 100 kilos pourrait être livrée aux cultivateurs à 10 francs, si les usines étaient organisées pour dessécher une grande partie de leur production... Mais la culture voudra-t-elle payer 10 francs les 100 kilos, ce que les usines lui donnent à l'état humide à 5 francs les 1.000 kilos ?

Au premier abord cela semble difficile; mais quand on a fait le compte de ce que cette pulpe humide, contenant 89 °/₀ d'eau, coûte au cultivateur, on est conduit à conseiller la dessiccation.

Voyons à quel prix reviennent 1.000 kilos de pulpe humide lorsqu'elle arrive dans l'auge des animaux, en admettant qu'elle renferme 90 °/₀ d'eau et en la comptant à 5 francs la tonne :

1.000 kilos de pulpe à 5 fr. la tonne	5 fr.
Frais de transport de l'usine à la ferme, en admettant un parcours de 3 kilom. aller et retour, soit 6 kilom. à 0^f,20	1,20
Frais de déchargement au silo	0,50
Frais d'ensilage, tassement, couverture	1,00
	7,70
Perte de poids et avaries en silo, 30 0/0 à 7,70	2,30
Prix de revient total	10,00

Nous ne faisons pas intervenir les frais de préparation et de distribution aux animaux, car ils sont les mêmes pour la pulpe sèche que pour la pulpe humide.

Le prix de la pulpe sèche doit être majoré des frais de transport et d'ensachage, soit environ 1 franc par 100 kilos, ce qui met le prix de revient à 11 francs. Dans ces conditions, les différentes rations que nous avons essayées entraînent une dépense journalière de pulpe :

Pour les vaches laitières :

                                                                         fr

Pulpe humide à 1 franc les 100 kilos 40 kilos.............. 0,40

Pulpe sèche à 11 francs les 100 kilos 5 kilos................ 0,55

Pour les moutons :

                                                                         fr

Pulpe humide 4 kilos.. 0,04

Pulpe sèche 0,500.. 0,055

La différence est faible et elle est compensée par différents avantages. A l'état sec, la pulpe se conserve indéfiniment dans un local sain à l'abri de l'humidité et sans aucune perte de valeur digestive ni altération ; elle peut être facilement transportée à de grandes distances, alors que la pulpe humide demande à être utilisée dans un rayon voisin du lieu de production. Le prix de revient de cette dernière n'a du reste été établi que pour des exploitations situées à proximité des sucreries ; il doit être considéré comme un minimum, car le parcours moyen est rarement inférieur à trois kilomètres et souvent encore les pulpes arrivent par chemin de fer.

Il semble donc que l'introduction de la pulpe sèche dans l'alimentation du bétail est appelée à prendre une certaine importance dès que les usines seront en mesure de la livrer à des prix avantageux pour la culture. La question économique est facile à résoudre ; mais il faudra vaincre l'inertie du cultivateur généralement peu disposé à changer ses habitudes ou ses méthodes, même pour en adopter de plus avantageuses. Pour cela il y a un moyen bien simple, c'est de stipuler dans les contrats que la sucrerie ne rendra que 30 % de pulpe humide et 20 % de pulpe sèche.

De cette façon le cultivateur sera bien obligé d'en employer et quand il l'aura essayée, il ne voudra plus de pulpe humide.

PRATIQUE

DE

L'ENSILAGE DES FOURRAGES VERTS

EN PARTICULIER DU MAÏS

Par Ch. GÉNIN

Président de la Société d'agriculture de Bourgoin (Isère).

Bien que depuis très longtemps déjà la pratique de l'ensilage soit connue et ait été appliquée sur un grand nombre de domaines, où par son usage les ressources fourragères ont été accrues dans de notables proportions, il ne semble pas qu'elle ait fait dans la culture française, surtout dans la petite culture, les progrès que l'on est en droit d'espérer d'une méthode aussi simple de conservation des fourrages.

Les agriculteurs paraissent pour la plupart s'être effrayés d'une méthode qui leur a souvent été présentée comme hérissée de difficultés scientifiques, comme devant être entourée de multiples précautions, ou bien encore avoir été obligés, après d'heureuses tentatives, de reculer devant la mauvaise volonté d'une main-d'œuvre ignorante se refusant à voir dans le fourrage ensilé un aliment présentable aux animaux dont ils avaient les soins.

Et cependant, l'ensilage est un mode remarquable de conservation des fourrages verts. Trèfle violet, trèfle incarnat, luzerne, sainfoin, vesces, herbe et regain de prairies, moha, maïs, etc., se prêtent merveilleusement à cette pratique et deviennent des fourrages de premier ordre. De quel avantage n'est-il pas lorsqu'au moment de la fauchaison, une série de journées pluvieuses viennent entraver la dessiccation à l'air des trèfles ou des luzernes, compromettant, comme il arrive maintes fois, la mise en réserve d'une importante récolte fourragère? Combien n'est-il pas préférable à la dessiccation quand il s'agit de trèfle incarnat, de vesces de printemps ou de vesces velues qui, à l'état sec, ne sont plus qu'un produit de médiocre valeur souvent refusé par le bétail et qui ensilés deviennent de précieuses matières alimentaires. Car non seulement l'ensilage conserve des fourrages qui sans lui seraient perdus ou inutilisés, mais il les transforme, et les rend plus faciles à digérer.

L'étude des transformations subies par la matière végétale pendant la fermentation de l'ensilage est des plus complexes. On se trouve, en effet, en présence de matières azotées, de graisses, de sucres, de gommes, etc., qui sous l'action de ferments divers sont peu à peu modifiés. On ignore encore en partie le mode des transformations successives, mais ce que l'on sait bien, c'est que, si on laisse en tas pendant quelque temps des végétaux humides, leur masse tout entière ne tardera pas à subir la fermentation alcoolique d'abord, puis les fermentations secondaires, acétique, lactique, butyrique, allant de proche en proche jusqu'aux fermentations putrides.

L'on sait aussi que, si la fermentation alcoolique une fois achevée, on parvient à empêcher l'accès de l'oxygène de l'air, le fourrage entassé se conserve pendant un temps très long (1). Si l'on a laissé se développer la fermentation acétique qui demande une température un peu moins élevée pour se produire, on pourra de même, en interceptant l'arrivée de l'air, assurer pour très longtemps la conservation du produit ainsi fermenté.

On pourrait également développer les fermentations butyriques, mais on a remarqué et il est facile de s'en apercevoir que les produits obtenus présentent une couleur désagréable et une odeur répugnante à laquelle jamais le bétail ne s'accoutume, tandis qu'il accepte non seulement sans difficulté mais avec un plaisir évident les produits des fermentations acétique et surtout alcoolique.

Il est de toute importance de laisser ces deux ferments (alcoolique et acétique) se développer, achever leur action, car si les germes anaérobies se multiplient lorsque l'on interrompt par une compression trop rapide l'arrivée de l'air à l'intérieur de la masse, le fourrage va subir la fermentation putride qui le fera rejeter par les animaux et le rendra inutilisable.

Dans la pratique de l'ensilage, les fermentations à rechercher sont donc la fermentation alcoolique d'abord, la meilleure, puis la fermentation acétique qui envahit très souvent le fourrage par suite de fausses manœuvres, sans qu'on l'ait désiré.

Dans le premier cas, on a l'*ensilage doux*; dans le second, l'*ensilage acide*. L'accès plus ou moins rapide, plus ou moins durable de l'oxygène les font obtenir.

L'ensilage *doux* se produit lorsque l'on met du fourrage en tas par couches successives d'une épaisseur assez faible, en laissant fermenter la couche inférieure avant de placer la suivante. La température s'élève alors peu à peu dans la masse atteignant parfois 60 à 65° modérant, par suite de son élévation, l'activité d'autres ferments, qui n'auront pas le temps d'agir sur les produits à transformer. Au moment où 60° sont atteints, on empêche l'arrivée de l'oxygène de l'air par une compression exercée sur le tas de fourrage.

Pour l'ensilage *acide* il n'est pas nécessaire d'une température aussi élevée; il se produit du reste presque toujours lorsqu'après un commencement de fermentation alcoolique, on entasse d'un seul coup une trop grande quantité de fourrage. On ne recherche pas cette action des ferments acétiques, on la subit souvent malgré soi, car ses produits aigres et d'une couleur brunâtre sont loin d'être aussi agréables au bétail que ceux de l'ensilage doux

---

(1) Nous avons souvent conservé des silos même entamés d'une année à l'autre.

qui se présentent avec une appétissante odeur d'alcool éthylique, une coloration verte à peine jaunâtre, qui va brunir un peu au contact de l'air.

Le praticien a en somme très peu à s'occuper des transformations ainsi subies par les matières végétales qu'il emmagasine et qui s'accomplissent pour ainsi dire automatiquement. Il doit avant tout prendre les mesures nécessaires pour que la fermentation de la première mise de son silo se fasse aussi complète que possible; ce sera la plus longue à obtenir ; les autres, échauffées par celle-ci, se feront beaucoup plus rapidement. Il vaut mieux laisser fermenter plus que moins et ne pas mettre trop de hâte à continuer l'entassement du fourrage. Un thermomètre placé à 20 ou 25 centimètres de profondeur permettra de suivre très sûrement la marche de l'opération.

A la ferme des *Prairies*, mon père, M. Jh. Génin, pratique l'ensilage depuis 1872. Il est donc un des plus anciens ensileurs de France, car c'est après les grandes sécheresses de 1870 et 1871, après avoir étudié les travaux de Goffart et de Lecouteux qu'il commença à mettre en pratique ce mode de conservation des fourrages, surtout dans le but de réserver, pour l'alimentation d'un troupeau laitier pendant l'hiver, des récoltes de maïs fourrage. Depuis, il a donné sur ses domaines à cette plante une extension importante, si bien que nous cultivons annuellement l'un et l'autre plus de 20 hectares de maïs vert dont 15 hectares sont réservés à l'ensilage.

Ses premiers silos furent de simples fosses creusées dans le sol; ils étaient les seuls alors connus. Ces fosses furent ensuite améliorées ; leurs parois furent maçonnées et recouvertes d'un enduit en mortier, car le déchet était considérable dans les silos primitifs où la terre se mélangeait au fourrage, le rendant impropre à la consommation. Au bout de quelques années encore, il fut reconnu que ces fosses même maçonnées avaient de multiples inconvénients. Bien que recouvertes d'un toit, l'eau y pénétrait parfois, et puis combien il était inutile de précipiter à une profondeur de 3 ou 4 mètres un poids important de denrées qu'il fallait ensuite remonter. Aussi avonsnous, il y a déjà de nombreuses années, abandonné cette manière d'ensiler et construit des silos sur terre.

Trois murs en maçonnerie ou en béton d'une épaisseur de $0^m,50$ à $0^m,60$ aux parois verticales rendues aussi lisses que possible par un enduit de chaux constituent les trois faces d'une pièce en forme de prisme rectangulaire très favorable pour servir de silo.

Sur la quatrième face est ménagée une ouverture suffisante pour le passage des voitures destinées à l'emplissage et au désemplissage, ouverture que l'on clot au moyen de planches mobiles. D'anciennes bergeries ou étables, un coin inutilisé d'un hangar sont très propres à cet usage et peuvent en outre recevoir une autre affectation quand le silo a été vidé. Le silo doit être couvert et avoir une hauteur de 5 à 6 mètres.

Pour emplir le silo, on le fait par couches successives de 2 mètres d'épaisseur environ, en n'ajoutant la couche suivante que lorsque la première est en pleine fermentation. La dernière couche ayant fermenté, on comprime toute la masse.

On a maintes fois conseillé de répandre du sel sur le fourrage au fur et à mesure de son entassement. C'est une grosse erreur; il arrive en effet souvent que le sel retarde la fermentation, surtout s'il est mis en assez grande quantité. Les animaux délaissent souvent ces fourrages salés, tandis qu'ils sont très friands du sel lui-même.

Beaucoup d'agriculteurs s'imaginent aussi qu'il est indispensable de priver d'air le fourrage aussitôt le silo rempli, c'est encore une erreur. Il n'est point besoin d'apporter une hâte fébrile au remplissage du silo, à sa compression ; il vaut bien mieux attendre que la fermentation batte son plein, ou même encore commence déjà à s'éteindre pour comprimer le tas et arrêter ainsi l'arriver de l'oxygène de l'air. On aura toujours par ce procédé un ensilage parfait.

Comment donc opérer la compression du fourrage, qui est en somme indispensable lorsque, la fermentation alcoolique achevée, il devient nécessaire de mettre la matière végétale déjà transformée à l'abri de l'action des germes aérobies ?

On a inventé dans ce but bien des appareils compliqués, des treuils, des poulies, que sais-je, donnant des pressions puissantes ; on s'est ingénié à recouvrir le silo d'un plancher bien joint. Ce sont là dépenses inutiles.

D'abord point n'est besoin d'une charge de 1.000 à 1.200 kilogrammes par mètre superficiel comme le conseillent certains auteurs, ni même de 500 à 800 suivant d'autres plus modérés.

Nous avons maintes et maintes fois constaté, qu'une charge de 200 à 250 kilogrammes par mètre carré exerçait sur le fourrage fermenté une compression suffisante.

Pour comprimer nos silos nous répartissons des moellons à bâtir sur la surface du tas, le plus uniformément possible, à même sur le fourrage. Nous avons en effet reconnu que quelles que soient les précautions prises pour protéger l'ensilage contre les moisissures superficielles, soit au moyen d'une couche de balles de blé, soit par des planches, il se trouvait que toujours quelques centimètres de la couche supérieure étaient inutilisables pour la consommation. Ce déchet est du reste insignifiant. Afin que la manipulation des moellons, dont le poids est considérable, soit simplifiée et moins onéreuse, nous emmagasinons ces matériaux sur un plancher au-dessus du silo. Il est facile de les y élever, lorsque voulant entamer le silo on est obligé de les déplacer, et ils y restent à demeure jusqu'au prochain ensilage. On les a alors tout à portée ; et il en résulte une économie appréciable de la main-d'œuvre.

Nous mettons nos silos en vidange par des tranches verticales successives. Ces tranches ont 1 mètre à 1ᵐ,50 de large et sont perpendiculaires à la grande longueur du silo. On épuise le fourrage de cette tranche jusqu'au sol, en le prenant au fur et à mesure des besoins. Il est très important de ne pas laisser trop longtemps à l'air le fourrage ensilé, car il y perd une partie des aromes qui le font consommer avec gourmandise par le bétail, parce qu'il y subit des oxydations, causes au bout de quelques jours d'altérations qui donnent un goût désagréable.

Nous avons pratiqué l'ensilage d'un grand nombre d'espèces fourragères ; tous les ans en septembre nous ensilons du maïs, en automne du regain de prairies et des quatrièmes coupes de luzerne, en mai des luzernes et des sainfoins, des trèfles incarnats, de la vesce velue.

Les conditions climatériques, l'abondance de l'un ou l'autre de ces fourrages font que leur ensilage n'est pratiqué que d'une façon capricieuse. L'ensilage du trèfle incarnat et de la vesce velue nous ont rendu de grands services ; fourrages très médiocres à l'état sec, ils deviennent alors très appréciés par le bétail. Il nous est souvent arrivé de les faire consommer en pleine canicule à cette époque de l'année où, sous notre climat à grandes chaleurs et à sécheresses estivales, les fourrages verts manquent pour l'alimentation des vaches laitières.

Le maïs vert est bien supérieur à toutes ces plantes comme rendement et comme ensilage. Sur le territoire des anciens marais de Bourgoin, où la terre d'alluvions est humide et profonde, dans toutes les fraîches vallées de ce coin du Dauphiné, la végétation du maïs est luxuriante, sa culture facile. Avec les variétés *Carragua* et surtout *Poti* (celui-ci ne fleurissant pas lors des sécheresses et végétant à nouveau à la première pluie), on a des récoltes abondantes de 70.000 et même 80.000 kilos à l'hectare. Ce maïs conservé en silos nous permet d'entretenir sur nos fermes un très nombreux bétail 550 kilos de poids vif à l'hectare) bien qu'une notable partie du foin de prairies importantes soit destiné à la vente.

Dans cette région où la culture n'a malheureusement pas à sa disposition les précieux résidus des cultures industrielles, betteraves ou pommes de terre, la culture du maïs prend une importance particulière. Aussi nous entrerons dans quelques détails sur la manière dont nous faisons la récolte, enfin sur nos procédés d'ensilage.

La principale difficulté de la culture du maïs vert réside dans la récolte. La longueur des tiges atteignant souvent 3 mètres et plus, leur poids, l'époque de la moisson, septembre et octobre avec leurs journées pluvieuses ou leurs rosées matinales, font que l'enlèvement du fourrage est loin d'être aisé. Faucher des tiges de $0^m,80$ à $1^m,20$ de haut se fait encore facilement soit avec une faucheuse, soit avec une javeleuse, suivie d'une équipe d'ouvriers, mais devient une opération impossible quand elles dépassent cette taille. La faucille devient alors le seul instrument permettant d'opérer la coupe du maïs, mais ce travail est alors long, fort pénible, et exige environ 20 journées par hectare ; s'il y a de la verse, il faut encore plus de main-d'œuvre. Le maïs coupé sur le champ, il faut encore, l'enlever, l'entasser sur les chars. Notez que, lorsque le temps est pluvieux, ce travail devient particulièrement désagréable, car il se fait entièrement à bras, même le chargement et le déchargement des voitures ; il est impossible de se servir de fourches pour manier ces longues tiges. Tous les agriculteurs qui ont eu à emmagasiner du maïs connaissent les difficultés que l'on rencontre, sans qu'il soit toujours possible de les surmonter quand la main-d'œuvre est rare et que l'on doit compter sur la bonne volonté des ouvriers. Beaucoup d'exploitations agricoles ont même dû renoncer à la culture du maïs en vue de l'ensilage par suite de l'impossibilité de rentrer leur récolte.

Ces mêmes difficultés que nous avons eues souvent à combattre nous ont donné l'idée d'utiliser la moissonneuse lieuse à maïs.

Cet instrument de pratique courante en Amérique pour la récolte du maïs grain n'a jamais été, encore que nous sachions, utilisé en France pour la récolte du maïs vert ou, s'il a été mis à l'essai, ce fut seulement pour quelques expériences. Nous avons appris, il y a peu jours seulement, que M. J. Daugny avait expérimenté à Grignon, en 1898, une lieuse à maïs.

Depuis 1903, nous employons à la ferme des *Prairies*, la lieuse à maïs

Osborne, nous en avons obtenu les plus heureux résultats. Il est inutile d'entrer dans la description de cet appareil, sans autre ressemblance avec la moissonneuse lieuse à céréales que son appareil lieur, et qui paraît plus compliqué à l'œil qu'il n'est en réalité. En tout cas il est très bien approprié au travail qu'on lui demande.

La seule difficulté que nous ayons rencontrée dans l'utilisation de la lieuse à maïs fut celle de l'intervalle à donner aux lignes du semis de maïs sur le champ. Il a été nécessaire de modifier nos pratiques culturales. En effet, la lieuse ne coupe qu'une seule ligne à la fois, et il est indispensable de laisser en moyenne 60 à 65 centimètres entre les lignes pour que l'appareil passe sans renverser la première ligne non fauchée qui doit rester debout après son passage. Jusqu'alors nous semions le maïs en lignes à écartement de 33 centimètres, nous avions des rendements très satisfaisants. A 0^m,65, aurions-nous une semblable production ? Telle était la question à résoudre.

En 1903, nous ensemençâmes sur 15 hectares en lignes à 0^m,66 (nous nous étions contenté de supprimer une ligne sur deux, nos semoirs semant à 0^m,33) et suivant les espérances que nous avions conçues, le rendement en poids du fourrage resta sensiblement le même. Les plantes étaient encore plus hautes et plus feuillées ; beaucoup d'épis avaient des grains gonflés et approchant de leur maturité. Les tiges au lieu d'être minces et flexibles étaient plus rigides. Au point de vue cultural, ce semis à 0^m,66 permettait de faire du maïs fourrage une véritable récolte sarclée, car on y passe librement la houe à cheval et les quelques mauvaises plantes, restant étiolées sous la forêt du maïs, ne portaient pas de graines. Il était cependant permis de se demander comment ce fourrage à tiges grossières allait être accepté par le bétail.

Il est évident que dans un ensilage à tiges entières, non hachées, il y aurait un déchet énorme, le bétail bovin ne pouvant broyer ces tiges trop ligneuses et trop dures, mais nous avons, depuis plus de 30 ans, pris l'habitude de passer le maïs au hache-paille avant de le mettre au silo. Notre installation primitive de jadis à été remplacée depuis 1893 par un hache-maïs à grand travail d'Albaret, mû par un moteur à vapeur ou par une turbine. Avec cet instrument, le maïs est, on le sait, coupé à volonté en fragments très courts (nous coupons de 2 à 5 cent.), projetés par un puissant ventilateur à 8 et 10 mètres de distance horizontale et 5 ou 6 mètres de haut. Le remplissage d'un silo devient d'une grande facilité quand on dispose d'un semsemblable appareil et la main-d'œuvre est réduite au strict minimum.

Notre expérience de 1903 fut concluante, et à partir de 1904 tous nos champs furent semés à 0^m,66 et moissonnés à la lieuse. Nous avons toujours obtenu de très grands rendements, mais il ne faut pas craindre de semer un peu dru sur la ligne.

Voici quelle est la marche de notre opération d'ensilage : 1° coupe au champ ; 2° mise en moyettes du maïs coupé ; 3° chargement sur voitures; 4° hachage et mise en silo ; 5° compression du fourrage dans le silo.

Avec la lieuse, traînée par deux chevaux (quelquefois trois lorsque le sol est détrempé), on coupe et met en bottes de 1^{ha},75 à 2 hectares en six heures de travail. On ne peut guère faire plus à cette époque de l'année où les rosées sont très abondantes et les jours déjà courts.

Le maïs une fois coupé et lié, nous mettons les bottes en moyettes. La mise en moyettes permet de faucher une grande quantité de fourrage avant la mise au silo, car il est souvent utile de profiter des belles journées déjà rares de fin septembre, commencement d'octobre. Si, d'autre part, on laisse le maïs coupé, étendu par terre, il s'imprègne d'une odeur nauséabonde de terre, risque de pourrir si des pluies persistantes surviennent, ou bien il est lavé par les rosées.

Au lieu de cela, si l'on dresse les tiges coupées en moyettes, il est aisé de les conserver pendant de longs jours sans que leur qualité en souffre aucunement. On obtient encore un autre avantage dans la dessiccation légère subie par le maïs qui le rend plus léger.

Le maïs étant mis en bottes par la lieuse, la mise en moyette de ses tiges serrées ensemble se fait avec une aisance remarquable, une facilité bien plus grande qu'avec du maïs en simples brassées ; il y a économie de temps ; les moyettes sont aussi beaucoup plus solides. On retrouve les mêmes avantages dans la manutention des bottes : 1° pour le chargement sur voitures qui peut alors s'effectuer à la fourche quand le maïs est un peu desséché ; 2° pour le déchargement et le passage au hache-maïs qui sont rendus incomparablement plus commodes.

En définitive, la mise en bottes économise une main-d'œuvre considérable.

Nous moissonnons toujours presque la totalité de nos cultures de maïs avant de commencer le hachage et la mise en silos. Il faudrait, en effet, un nombre d'ouvriers assez considérable pour exécuter de front ces deux opérations. Il est essentiel aussi de pouvoir alimenter le hache-maïs toute une journée, quand une locomobile l'actionne ; le débit est en effet de 7 à 8 tonnes à l'heure.

Enfin l'on active la moisson le plus possible pour profiter des belles journées d'automne.

Il n'y a pas d'inconvénients à garder le maïs même un long temps en moyettes. Il se dessèche un peu, il est vrai, mais s'il devient par trop sec, on en est quitte pour répandre un peu d'eau sur le silo, la conservation se fait tout aussi bien.

Il est intéressant d'établir le prix de revient comparé de l'ensilage de l'hectare de maïs vert fauché à la faucille, et de l'hectare récolté à la lieuse. Nos registres de culture permettent de donner une moyenne pour ces quatre dernières années, et de tirer une valeur exacte du prix de la tonne de maïs ensilé.

Prix de revient comparé de l'hectare de maïs vert fauché à la faucille et de l'hectare récolté à la lieuse, le fourrage rendu haché en silo.

Frais de culture

	Faucille.	Lieuse.
Préparation du sol	70	70
Semence	20	17
2 binages	15	10
Fumures	70	70
Fermage du sol	100	100
Frais généraux	10	10
	285	277

Frais de récolte

	Faucille.	Lieuse.
Moisson à la faucille.....................		
20 journées à 3 francs....................	60	
Moisson à la lieuse..............		
3/4 journée chevaux.................		8.50
3/4 journée conducteur.........		3
1 journée ouvrier...................		3
Ficelle manille....................		4
Amortissement réparation lieuse.........		10
Mise en moyettes......................	30	12
Chargement sur voiture................	25	15
Charroi.....	15	15
Déchargement pour hachage............	18	12
Frais de hachage (moteur, hache-maïs et huile)...............................	30	30
	178	112.58
Total général.........................	463	389.50

Ce tableau montre l'économie importante (près de 75 francs) réalisée sur la main-d'œuvre par la lieuse dans la récolte de l'hectare de maïs. Cette somme représente 25 journées d'ouvriers habituels à 3 francs; mais elle serait bien plus forte s'il fallait s'adresser à de la main-d'œuvre supplémentaire plus exigeante. On sait combien cette main-d'œuvre est rare dans notre région fin septembre et octobre où la vendange bat son plein, où les semailles pressent; il est donc très avantageux d'en faire économie pour l'ensilage.

En ces quatre années 1904, 1905, 1906, 1907, nous avons récolté une moyenne générale de 68.500 kilogr. à l'hectare; en 1906 le rendement n'était que de 51.000 kilogr.; en 1907, 62.500 par suite des longues sécheresses.

Le prix de revient moyen de la tonne de maïs ensilé pour cette récolte moyenne est donc de 5 fr. 68.

Valeur nutritive des fourrages ensilés.

Au prix de revient de 5 fr. 68 la tonne, le maïs fourrage est donc un fourrage bon marché. Si on le compare par exemple à la pulpe de diffusion dont le prix moyen est de 5 francs la tonne, on voit qu'il a une valeur alimentaire presque double. En effet, d'après Wolff, le rapport nutritif de l'ensilage de maïs est de $\frac{1}{10.1}$, tandis que celui de la pulpe de diffusion est de $\frac{1}{16.4}$; en faveur aussi de l'ensilage, les éléments digestibles qui sont 0/0 :

	Albumine.	Hydrates de carbone.	Graisse.
Pour le maïs ensilé...............	7,1	7,1	0,5
Pour la pulpe de diffusion.........	0,4	6,3	0,1

L'ensilage de maïs est donc un fourrage précieux et économique pour les régions seulement qui ne possèdent pas de cultures industrielles, car dans celles-ci, la culture de la betterave ou de la pomme de terre donnera toujours à l'hectare un bénéfice plus élevé que celui du maïs cultivé pour son seul fourrage.

Il est intéressant de comparer entre elles les valeurs alimentaires des fourrages ensilés et celles des fourrages verts dont ils proviennent. Les chiffres donnés par Wolff, ci-après reproduits, donnent à cet égard d'instructifs renseignements.

Tables de Wolff.

NOMS DES FOURRAGES.	EAU.	CENDRES.	PROTÉINE BRUTE.	CELLULOSE BRUTE.	PRINCIPES extractifs non azotés.	GRAISSE BRUTE.	ÉLÉMENTS DIGESTIBLES. Albumine.	Hydrates de carb.	Graisse.	RAPPORT NUTRITIF.
	%	%	%	%	%	%	%	%	%	1 sur
Ensilage de maïs.............	84.1	2 0	1.2	6.1	5.9	0.7	7.1	7.1	0.5	10.1
— d'herbe...............	80.6	2.0	2.0	6.5	8.1	0.8	1.4	8.5	0.5	6.9
— de trèfle rouge.......	79.2	2.1	4.2	5.9	6.4	2.2	2.8	7.2	1.7	4.1
— de luzerne..........	82.9	2.1	3.8	5 0	4.7	1.5	2.8	5.3	0.9	2.7
— de sainfoin..........	83.3	1.3	3.4	5.9	5.1	1.0	1.7	4.4	1.0	4.1
— de seigle fourrage....	86.9	0 9	1.6	4.4	5.7	0.5	0.9	6.0	0.3	7.5
Fourrages verts :										
Herbe, peu de temps avant la floraison.....................	75.0	2.1	3.0	6.0	13.1	0.8	2.0	13.0	0.4	7.0
Herbe de pâturage............	80.0	2.0	3.5	4.0	9.7	0.8	2.5	9.9	0.4	4.4
Seigle vert..................	76.0	1.6	3.3	7.9	10.4	0 8	1.9	11.0	0.4	6.3
Maïs vert...................	82.9	1.3	1.2	5.2	8.8	0.6	0.7	8.4	0.3	13.0
Trèfle en pleine floraison......	80.4	1.3	3.0	5.8	8.9	0.6	1.7	8.7	0.4	5.7
Luzerne jeune................	81.0	1.7	4.5	5.0	7.2	0.6	3.5	7.3	0.3	2.3
— commencement de la floraison.....................	74.0	2.0	4.5	9.5	9.2	0.8	3.2	9.1	0.3	3.1
Sainfoin, commencement de la floraison.....................	81.4	1.2	4.2	5.2	7.3	0.7	1.5	7.5	0.3	5.5
Colza vert...................	87.0	1.6	2.9	4.2	3.7	0.6	2.0	4.8	0.4	2.9
Chou fourrage................	84.7	1.6	2.5	2.4	8.1	0.7	1.8	8.2	0.4	5.2

On remarquera que, pour la généralité de ces fourrages, le rapport nutritif a été notablement accru. Pour le maïs vert notamment, la différence est sensible.

Ces chiffres démontrent que par l'ensilage les fourrages verts acquièrent une valeur alimentaire plus grande, surtout parce que les transformations les ont rendus plus facilement digestibles.

A la « Ferme des Prairies » nous faisons consommer l'ensilage de maïs à tout le bétail bovin. Pour les vaches laitières qui en reçoivent 18 à 20 kilogr. par jour, nous avons remarqué qu'il est un aliment de premier ordre, car il accroît la quantité de lait.

On a reproché aux fourrages ensilés de communiquer au lait une odeur désagréable. C'est là une grosse erreur. Dans une étable bien tenue, jamais le maïs ensilé, par exemple, ne donne de goût au lait. Il est certain que dans une vacherie où le bétail est ainsi nourri, il se répand de fortes émanations d'ensilage, qui peuvent se communiquer au lait, si ce liquide reste après la traite trop longtemps dans l'étable, ou bien si les récipients y séjournent. Mais si l'on prend quelques précautions, en opérant rapidement la traite, on peut éviter ces odeurs désagréables que l'on met sur le compte de l'ensilage.

En résumé, la méthode de conservation des fourrages par l'ensilage est une des plus précieuses dont l'agriculture ait acquis la pratique dans ces trente dernières années, car elle permet d'accroître les ressources fourrages d'une exploitation par la culture intensive de certaines plantes vertes dont le maïs est la plus productive ; elle permet en même temps de leur donner une valeur nutritive plus grande.

QUELQUES REMARQUES

SUR LA

NUTRITION AZOTÉE DES VACHES LAITIÈRES

ET SUR LES RÉSULTATS DES EXPÉRIENCES DÉCRITES

dans le 63ᵉ rapport du Laboratoire danois

PAR

A. MALLÈVRE, Professeur à l'Institut agronomique.

SOMMAIRE : L'azote nitrique des aliments perdu pour l'organisme. — L'azote amidé des aliments incomplètement digéré. — Le minimum indispensable d'albuminoïdes dans la ration des vaches laitières. — L'azote amidé capable d'assurer l'entretien azoté chez les ruminants. — L'azote amidé des aliments peut-il se transformer dans l'organisme en azote albuminoïde ?

L'année dernière, nous avons publié (1) la traduction du 60ᵉ rapport du Laboratoire danois sur *le minimum indispensable de matières albuminoïdes dans la ration des vaches laitières*. Cette année, nous donnons la traduction du 63ᵉ rapport (2). Les remarquables expériences qui y sont décrites concernent le même sujet. Elles forment la suite et le complément des recherches antérieures.

Dans le but de mettre en relief l'intérêt fondamental que présentent les problèmes étudiés pour la théorie et la pratique de l'alimentation du bétail, nous avions fait précéder la traduction du 60ᵉ rapport de quelques *Considérations sur la nutrition azotée des vaches laitières*. Ces considérations peuvent aussi servir d'introduction à la lecture du 63ᵉ rapport. J'ajouterai seulement quelques remarques visant de façon plus spéciale le sort réservé dans l'organisme aux substances azotées de nature diverse contenues dans les

---

(1) Compte rendu du XIᵉ Congrès de l'alimentation rationnelle du bétail. Paris 1907. (Société de l'alimentation rationnelle du bétail.)

(2) 63ᵈᵉ Beretning fra den Kgl. Veterinœr og Landbohœjskoles Laboratorium for landœkonomiske Forsœg. Copenhague 1907.

aliments. Ce point est fort important quand il s'agit de dégager l'exacte signification des bilans azotés que fournit l'étude expérimentale de la nutrition.

L'analyse chimique permet de distinguer et de doser dans les aliments trois groupes de matières azotées : albuminoïdes, amides et nitrates. A vrai dire, on détermine non pas les quantités de chacun de ces groupes de substances, mais les quantités d'azote qui correspondent à chacun d'eux. On obtient ainsi ce qu'on appelle l'azote albuminoïde, l'azote amidé et l'azote nitrique.

L'azote amidé et l'azote nitrique réunis forment l'azote non albuminoïde. On désigne souvent l'azote non albuminoïde sous le nom d'azote amidé. Il est évident qn'en faisant ainsi on commet une inexactitude toutes les fois que les aliments envisagés renferment des nitrates.

L'azote albuminoïde et l'azote amidé sont très répandus dans les aliments d'origine végétale. L'azote nitrique est beaucoup plus rare ; toutefois, dans quelques aliments comme les racines et les mélasses, il forme une fraction importante, parfois jusqu'au tiers, de l'azote total.

Quand un ruminant consomme une grande quantité d'aliments riches en nitrates, de betteraves par exemple, on ne retrouve ces nitrates ni dans les fèces, ni dans l'urine, ni dans le lait. Comme ils ne s'accumulent pas non plus dans l'organisme, ils y sont évidemment transformés. On verra, dans le 63e rapport (Chapitre azote nitrique), que cette transformation doit être attribuée à l'activité des bactéries dénitrifiantes qui pullulent dans le tube digestif des ruminants. Ces bactéries décomposent les nitrates et mettent en liberté l'azote qui s'échappe du corps sous forme d'azote gazeux. L'azote nitrique des aliments est donc perdu et sans valeur pour l'organisme. C'est là un phénomène dont il faudra désormais tenir compte dans les recherches sur la nutrition. On l'a déjà fait dans le 63e rapport du Laboratoire danois, ce qui a permis d'obtenir une interprétation plus exacte des bilans azotés.

Jusqu'à présent, on a coutume de regarder les amides de la ration comme complètement digestibles et de rapporter uniquement à l'azote albuminoïde l'azote excrété avec les fèces. Cette façon de procéder n'est cependant pas exacte. Les recherches danoises établissent en effet qu'une partie de l'azote amidé des aliments se retrouve dans les fèces. On y a observé qu'en moyenne 78,5 % seulement de l'azote amidé de la ration étaient digérés. Cette proportion peut même descendre jusqu'à 66 %, comme cela est arrivé dans deux des vingt-quatre expériences portées au tableau XVI du 63e rapport. C'est là encore un fait important. J'aurai l'occasion de montrer tout à l'heure qu'il peut avoir une influence décisive quand il s'agit de préciser la signification des bilans azotés. Dans les recherches sur la nutrition, il sera à l'avenir nécessaire dans bien des cas de déterminer à part la digestibilité de l'azote albuminoïde et la digestibilité de l'azote amidé. Il faudra pour cela doser l'azote amidé non seulement dans les aliments, comme on le fait d'ordinaire, mais encore dans les fèces.

Ceci dit à propos de l'azote nitrique et de l'azote amidé, passons aux faits principaux mis en évidence par les recherches danoises en ce qui concerne le minimum indispensable d'albuminoïdes dans la ration. On peut les résumer ainsi.

Lorsqu'on donne à des vaches laitières des rations abondantes, mais de moins en moins azotées, il arrive un moment où les animaux, ne trouvant plus assez d'azote dans les aliments consommés, perdent de l'azote de leur propre corps et réduisent en même temps beaucoup leur production laitière. Si l'on examine les bilans correspondant aux rations dont la richesse en azote est encore juste suffisante pour empêcher cette déperdition azotée de la part de l'organisme et cette brusque diminution du rendement en lait, on observe les deux phénomènes suivants :

1° *L'azote albuminoïde* de la ration est à très peu près égal à la somme des quantités d'azote albuminoïde qui passent dans les fèces et dans le lait.

En schématisant, on a :

Azote album. de la ration = Azote album. des fèces + Azote album. du lait.

Cette relation peut évidemment s'écrire :

Azote album. de la ration — Azote album. des fèces = Azote album. du lait.

c'est-à-dire :

Azote albuminoïde digestible = Azote albuminoïde du lait.

Ainsi, avec les rations renfermant le minimum indispensable d'azote albuminoïde, l'azote albuminoïde digestible est égal à l'azote albuminoïde contenu dans le lait ;

2° *L'azote amidé* de la ration est à très peu près égal à la somme des quantités de l'azote amidé qui passe dans les fèces et de l'azote total renfermé dans l'urine. Cet azote urinaire est, on le sait, également de l'azote amidé.

En schématisant comme tout à l'heure, on a :

Azote amidé de la ration = azote amidé des fèces + azote total de l'urine

ou :

Azote amidé de la ration — azote amidé des fèces = azote total de l'urine,

c'est-à-dire :

Azote amidé digestible = azote total de l'urine.

Par conséquent, avec les rations qui renferment le minimum indispensable d'azote albuminoïde, l'azote amidé digestible est égal à la quantité totale d'azote qui passe dans les urines.

Avec le Laboratoire danois, on peut donner à ces deux faits principaux l'interprétation suivante :

Tout se passe comme si la vache laitière, recevant une nourriture peu azotée mais abondante, avait la faculté de réserver AU BESOIN *tout l'azote albuminoïde digestible de la ration pour fabriquer les matières azotées du lait,* A LA CONDITION *qu'elle trouve dans cette ration suffisamment d'azote amidé pour son entretien.*

Ainsi il semble que pour faire face à ses besoins azotés d'entretien indépendamment de la fonction laitière, la vache puisse éventuellement se contenter (à peu près) uniquement d'azote amidé, pendant que l'azote albuminoïde digestible de la ration passe (à peu près) intégralement dans le lait. J'ajoute « à peu près » entre parenthèses, afin de tenir compte des erreurs inévitables que comporte la méthode usitée pour établir le bilan de l'azote. *A peu près* signifie *à quelques grammes près.*

Etant données les idées classiques qui ont cours sur la physiologie de la nutrition, il peut sembler étonnant, pour ne pas dire étrange, que la vache laitière soit capable, dans certains cas, de couvrir ses dépenses azotées d'entretien avec l'azote amidé seul. La chose est cependant confirmée par une expérience qui est décrite dans le 63ᵉ rapport et qui montre qu'une vache, *alors même qu'elle ne donne pas de lait et n'est pas en gestation,* c'est-à-dire alors même qu'elle est comparable à un bovidé quelconque, peut éventuellefaire face à ses besoins azotés d'entretien presque exclusivement avec de l'azote amidé. Voici le résumé de l'expérience.

Il s'agit de la vache n° 134 pesant 443 kilogr. et recevant pendant la 7ᵉ période d'essai une ration composée de 2ᵏᵍ,500 de foin, 2ᵏᵍ,150 de paille et 30 kilogr. de betteraves.

	Azote albuminoïde.	Azote amidé.	Azote nitrique.
Cette ration renferme	55 gr.	23 gr.	4 gr.
On retrouve dans les fèces	42	3	0
Sont donc digérés	13 gr.	20 gr.	4 gr.
L'urine renferme		21	

Ainsi la vache sèche n° 134 trouve dans sa ration journalière pendant la période 7 en fait d'azote digestible : 13 grammes d'azote albuminoïde, 20 grammes d'azote amidé et 4 grammes d'azote nitrique. Comme on l'a vu, l'azote nitrique est mis en liberté par les fermentations intestinales et, quittant le corps sous forme gazeuse, est perdu pour l'organisme. Tout se passe dès lors comme si l'animal ne disposait que de 13 grammes d'azote albuminoïde et de 20 grammes d'azote amidé, soit au total $13+20=33$ grammes d'azote digestible.

Par ailleurs, la vache n° 134 excrète 21 grammes d'azote dans l'urine. Elle fixe donc dans son corps la différence $33-21=12$ grammes par jour. Cet azote, emmagasiné dans l'organisme, est de l'azote albuminoïde. Si, comme il est naturel, on admet que ces 12 grammes d'azote fixé sont prélevés sur les 13 grammes d'azote albuminoïde digestible dont dispose l'animal, il ne reste plus que $13-12=1$ gramme d'azote albuminoïde non utilisé. Pour son entretien azoté proprement dit, la vache doit par suite se contenter de ce gramme d'azote albuminoïde et des 20 grammes d'azote amidé digestible. Ainsi sur $20+1=21$ grammes d'azote total servant à l'entretien azoté de l'organisme, $\frac{20\times100}{21}=95,2\ ^{0}/_{0}$ sont de l'azote amidé et $\frac{1\times100}{21}=4,8\ ^{0}/_{0}$ seulement de l'azote albuminoïde. C'est dire, comme nous le faisions à l'instant, que la vache sèche n° 134, pendant la période 7, couvre sa dépense azotée d'entretien presque exclusivement avec de l'azote amidé.

Bien entendu ce résultat n'aurait plus rien de surprenant si l'on était en droit d'admettre que les bovidés sont capables de transformer l'azote amidé en azote albuminoïde. En somme, c'est autour de ce point que tournent toutes les difficultés d'interprétation des bilans azotés que nous examinons ici.

Se basant sur les faits constatés dans ses expériences, le Laboratoire danois a cru devoir conclure que l'organisme ne possédait pas la faculté de fabriquer de l'azote albuminoïde au moyen d'azote amidé. Il a expliqué comment, à son avis, il convenait de modifier l'idée qu'on se faisait jusqu'à présent du rôle de l'azote nécessaire pour l'entretien. Son hypothèse, qu'il présente d'ailleurs avec une certaine réserve et qu'on trouvera développée dans le 63ᵉ rapport (chapitre : Azote urinaire), a pour but de faire concevoir par quel mécanisme l'azote amidé, sans se transformer en azote albuminoïde, peut empêcher l'animal de désassimiler et de perdre de l'azote albuminoïde. Les physiologistes auront sans doute quelque peine à l'admettre, tant elle s'éloigne des notions classiques.

Évidemment les bilans, publiés dans le 63ᵉ rapport, paraissent indiquer que *la vache laitière ne saurait se maintenir en équilibre d'azote et conserver son rendement en lait lorsque sa ration, si riche soit-elle en azote amidé, ne renferme pas, sous forme digestible, au moins autant d'azote albuminoïde que le lait produit en contient lui-même.* C'est là une observation de grande valeur et qu'on ne doit pas perdre de vue quand on est appelé à composer des rations destinées à des vaches laitières avec des aliments pauvres en azote (foins de pré, pailles, racines). Dès que la fonction laitière est un peu active, on est exposé à voir la production du lait subir une forte baisse et les vaches dépérir, si on ne complète pas de semblables rations par un apport convenable d'aliments riches en albuminoïdes, tels que tourteaux, graines de légumineuses, etc. (1).

---

(1) Voici, à titre de renseignement et pour fixer les idées, quelques *rations-limites*, extraites des 60ᵉ et 63ᵉ rapports danois et contenant, avec beaucoup d'amides, seulement le minimum indispensable d'albuminoïdes. Ces rations s'appliquent à des vaches pesant 450 à 500 kilos.

| POUR UN RENDEMENT | RATIONS PAR JOUR ET PAR TÊTE | | | |
JOURNALIER EN LAIT DE.	TOURTEAU DE COTON.	BETTERAVES.	FOIN DE PRÉ.	PAILLE DE CÉRÉALES.
	kg	kg	kg	kg
10 kg....................	1.00	51	2.5	4
13 kg....................	1.25	48	2.5	4
16 kg....................	1.50	45	2.5	5
22 kg	2.00	60	2.5	3

Bien entendu ces rations ne peuvent être qu'approximatives étant donné : 1° que la teneur des aliments en principes digestibles et par conséquent aussi en azote albuminoïde est variable : 2° que le lait a lui-même une teneur variable en matière azotée : 3° enfin que l'individualité des vaches exerce aussi sans doute une certaine influence sur le minimum indispensable d'albuminoïdes.

Pour toutes ces raisons, il est sage dans la pratique, comme le recommande le Laboratoire danois lui-même, d'enrichir les rations en azote albuminoïde au delà du minimum strictement indispensable. D'ailleurs, ainsi qu'il résulte d'observations nombreuses, en général les vaches laitières ne peuvent faire déployer à leur mamelle toute l'activité dont elle est susceptible qu'avec des rations renfermant notablement plus que le minimum indispensable d'albuminoïdes. Ceci ne veut pas dire que, dans certains cas, la connaissance de ce minimum ne soit pas précieuse pour les applications.

Mais faut-il regarder comme définitivement et expérimentalement démontré que les vaches laitières, et de façon plus générale les ruminants, n'ont pas la faculté de transformer au besoin l'azote amidé en azote albuminoïde ? Il serait téméraire d'aller aussi loin et l'on s'exposerait, je le crains, à recevoir de l'expérience, avant qu'il soit longtemps peut-être, un démenti formel.

Comme il s'agit là de questions dont la portée est considérable, on me permettra d'insister quelque peu.

Je ferai remarquer tout d'abord que, même dans les expériences du 63ᵉ rapport, on trouve quelques bilans difficiles à interpréter, si l'on refuse d'admettre une transformation d'azote amidé en azote albuminoïde dans l'organisme. Tel est le cas suivant, le plus net à cet égard et qui concerne la vache n° 68 pendant la période 5.

La ration journalière consommée comprend alors 2ᵏᵍ500 de foin, 2ᵏᵍ630 de paille, 60 kilos de betteraves et 0ᵏᵍ500 de tourteau de coton. C'est une ration d'ailleurs insuffisamment riche en albuminoïdes. La bête qui pèse 459 kilos perd de l'azote de son propre corps et son rendement journalier en lait est rapidement descendu de 18 kilos à 13 kilos par jour.

	Azote albuminoïde.	Azote amidé.	Azote nitrique.
La ration renfermait.......	103gr.	38gr.	8gr.
On retrouvait dans les fèces.	73	3	0
Étaient donc digérés......	30gr.	35gr.	8gr.
Le lait renfermait.........	58		
L'urine renfermait..................		30	

Les 8 grammes d'azote nitrique étant perdus pour l'organisme, la vache disposait de 30 grammes d'azote albuminoïde et de 35 grammes d'azote amidé soit au total $30 + 35 = 65$ grammes d'azote digestible. Elle excrétait 58 grammes d'azote dans le lait et 30 grammes dans l'urine, au total $58 + 30 = 88$ grammes. Comme elle ne disposait que de 65 grammes d'azote digestible, le corps perdait la différence $88 - 65 = 23$ grammes d'azote par jour. Ces 23 grammes étaient de l'azote albuminoïde.

D'autre part, pour fabriquer les 58 grammes d'azote albuminoïde du lait, la bête avait au plus à sa disposition les 30 grammes d'azote albuminoïde digestible et les 23 grammes d'azote albuminoïde cédés par l'organisme, au total $30 + 23 = 53$ grammes, et cela à la condition de ne rien prélever sur cet azote albuminoïde pour son entretien. On voit que, dans ces conditions, il manquait encore $58 - 53 = 5$ grammes d'azote albuminoïde pour la fabrication de la matière azotée du lait. Quelle conclusion tirer, sinon que 5 grammes au moins d'azote amidé ont dû être transformés en azote albuminoïde dans l'organisme ?

Le Laboratoire danois a cru néanmoins devoir rejeter cette conclusion. On trouvera ses raisons exposées dans le 63ᵉ rapport. Inutile d'insister, car nous allons rencontrer un cas d'une interprétation autrement difficile, si l'on ne veut pas admettre que la vache laitière soit capable éventuellement de transformer les amides en albuminoïdes.

Ce cas nous est fourni par une récente et très curieuse expérience de Kellner, dont les belles recherches sur la nutrition des ruminants ont acquis une renommée universelle. Le savant allemand n'a jusqu'ici publié que quelques extraits des expériences qu'il poursuit avec ses collaborateurs sur la nutrition des vaches laitières. C'est à ces extraits que nous empruntons les données qui nous intéressent en ce moment (1). Nous mettrons en parallèle deux expériences, A et B, faites sur la même vache pendant deux périodes consécutives. Pour la commodité, nous examinerons d'abord la deuxième expérience.

Expérience B. — La vache, pesant un peu moins de 450 kilos et donnant en moyenne 12^{kg}1 de lait par jour, recevait une ration dont la richesse en azote et en principes digestibles était telle que l'organisme, tout en conservant son équilibre azoté, réalisait un faible gain de matière grasse. La détermination du bilan de l'azote et l'emploi de l'appareil à respiration de Pettenkofer permettaient de reconnaître que les choses se passaient bien ainsi. Dans la ration figurait une certaine quantité de gluten qui fournissait une partie de l'azote albuminoïde.

	Azote total.	Azote albuminoïde.	Azote amidé.
	gr	gr	gr
La ration journalière renfermait.....	180,18	dont 145,48 et	34,70
On retrouvait dans les fèces.........	91,65	91,65	0
Étaient donc digérés...............	88,53	53,83	34,70
Le lait renfermait..................	55,79	55,79	
L'urine renfermait.................	30,88		30,88

Ces chiffres représentent la moyenne de 13 journées de 24 heures.

Ainsi l'animal avait à sa disposition 88^{gr}53 d'azote total digestible, dont 53^{gr}83 d'azote albuminoïde et 34^{gr}70 d'azote amidé. Notons cependant que cette répartition des 88^{gr}53 d'azote total digestible en 53^{gr}83 d'azote albuminoïde et 34^{gr}70 d'azote amidé n'est pas certaine. On a *admis* en effet que tout l'azote des fèces était de l'azote albuminoïde; mais cela n'a pas été démontré, car on a dosé dans les fèces seulement l'azote total. Or, d'après ce que nous avons vu plus haut (p. 2), il est très improbable que les fèces aient été exemptes d'azote amidé. Mais si les fèces renfermaient de l'azote amidé, il en résulte évidemment que les 88^{gr}53 d'azote total digestible comprenaient moins de 34^{gr}70 d'azote amidé et par suite *plus de 53^{gr},83 d'azote albuminoïde.*

Nous réservant d'utiliser au moment voulu cette remarque nécessaire, admettons provisoirement que l'animal ait disposé en effet de 88^{gr}53 d'azote total digestible, dont 53^{gr}83 d'azote albuminoïde et 34^{gr}70 d'azote amidé. Il excrétait 55^{gr}79 d'azote dans le lait et 30^{gr}88 dans l'urine, au total 55,79 + 30,88 = 86^{gr}67. La différence 88,53 — 86,67 = 1^{gr}86 était emmagasinée dans le corps sous forme d'azote albuminoïde.

D'autre part, pour fabriquer la matière albuminoïde du lait, l'animal avait à sa disposition les 53^{gr}83 d'azote albuminoïde digérés dont il faut déduire les 1^{gr}86 d'azote albuminoïde fixés journellement dans le corps, soit 53,83 − 1,86 = 51^{gr}97. Ainsi 51^{gr}97 d'azote albuminoïde étaient disponibles, alors que le lait en réclamait 55^{gr}79; il en manquait donc 55,79 — 51,97 = 3^{gr}82. Ces 3^{gr}82

---

(1) « *Deutsche landw. Presse* », 17 Août 1907 et « *Die Ernährung der landw. Nutztiere* » p. 539, 4me édition 1907.

d'azote albuminoïde, correspondant environ à la quantité d'azote contenue dans 3/4 de litre du lait de la vache d'expérience, devraient donc être regardés comme provenant de la transformation d'azote amidé en azote albuminoïde dans l'organisme. Toutefois il faut convenir qu'il s'agit là de chiffres faibles. En outre, et c'est plus important, nous avons fait remarquer tout à l'heure que la résorption de l'azote amidé avait été sans doute moins complète qu'on ne l'avait admis et que dès lors l'animal disposait de plus de 51^{gr},97 d'azote albuminoïde pour la fabrication du lait. Tout bien examiné, il semble prudent de reconnaître que l'animal pouvait trouver dans sa ration autant d'azote albuminoïde que le lait produit en renfermait.

On est, en somme, en face d'une expérience qui concorde tout à fait avec les résultats obtenus dans les recherches danoises correspondant au minimum d'albuminoïdes indispensable pour assurer l'équilibre azoté chez les vaches en lactation. On constate ici, comme dans les expériences danoises, 1° que l'azote albuminoïde digestible de la ration est à très peu près égal à l'azote albuminoïde qui passe dans le lait, et 2° que, par suite, l'animal a dû couvrir ses dépenses azotées d'entretien avec l'azote amidé de la ration.

L'expérience B de Kellner ne fait donc que confirmer les recherches danoises des 60° et 63° rapports. Elle ne nous apprend rien de nouveau. Il n'en va plus de même quand on examine l'expérience A.

Expérience A. — La vache laitière, pendant cette période d'essai, recevait une ration présentant avec celle consommée pendant l'expérience B la seule différence que voici. Une certaine quantité d'azote albuminoïde était remplacée par une quantité aussi égale que possible d'azote amidé grâce à la substitution *d'acétate d'ammoniaque* au gluten. L'animal recevait ainsi dans sa ration journalière 26^{gr}, 91 d'azote ammoniacal, par conséquent amidé, sous forme d'acétate d'ammoniaque. On ajoutait, en outre, à la ration de l'expérience A assez d'amidon pour que le mélange d'acétate d'ammoniaque et d'amidon fournît à l'organisme autant d'énergie dynamique (utilisable) que le gluten remplacé. De cette façon les rations des expériences A et B ne différaient que par la substitution d'une certaine quantité d'azote amidé à une quantité aussi égale que possible d'azote albuminoïde.

La quantité de lait produite et la composition de ce lait ont peu différé dans les deux expériences. La vache donnait en moyenne par jour : pendant l'expérience B, 12^{kg}, 1 de lait avec 2,82 °/₀ de matière azotée et 3, 05 °/₀ de matière grasse ; pendant l'expérience A, 11^{kg}, 8 de lait avec 2, 87 °/₀ de matière azotée et 3, 01 °/₀ de matière grasse.

Examinons maintenant de près le bilan de l'azote.

	Azote total.		Azote albuminoïde.		Azote amidé.
La ration journalière renfermait.....	179,84	dont	117,82	et	62,03
On retrouvait dans les fèces.........	95,59		95,59		0
Étaient donc digérés...............	84,26		22,23		62,03
Le lait renfermait..................	53,37		53,37		
L'urine renfermait.................	32,85				32,85

Ces chiffres représentent la moyenne de 13 journées de 24 heures.

Cette fois l'animal avait à sa disposition 84^{gr}, 26 d'azote total digestible dont 22^{gr}, 23 d'azote albuminoïde et 62^{gr}, 03 d'azote amidé. Mais ici s'impose la même remarque que pour l'expérience B. On a *admis* et *non démontré* que les fèces ne renfermaient pas d'azote amidé et que tout l'azote amidé était digéré. S'il en est autrement, ce qui est infiniment probable, les 84^{gr}, 26 d'azote total digestible comprennent moins de 62^{gr}, 03 d'azote amidé et par conséquent *plus de 22^{gr}, 23 d'azote albuminoïde*. On verra dans un instant combien il importe de ne pas perdre de vue cette remarque.

Supposons provisoirement que l'animal ait réellement disposé de 84^{gr}, 26 d'azote total digestible dont 22^{gr}, 23 d'azote albuminoïde et 62^{gr}, 03 d'azote amidé. Il excrétait 53^{gr}, 37 d'azote dans le lait et 32^{gr}, 85 dans l'urine, au total 53, 37 + 32, 85 = 86^{gr}, 22. C'est un peu plus que la quantité d'azote total digestible qui s'élève à 84^{gr}, 26. La différence 86, 22 — 84, 26 = 1^{gr} 96 représente une perte journalière d'azote albuminoïde de la part de l'organisme.

Par ailleurs, l'animal faisait passer journellement dans son lait 53^{kg}, 37 d'azote albuminoïde. Or, combien avait-il d'azote albuminoïde à sa disposition pour la fabrication du lait ? Au maximum évidemment l'azote albuminoïde digestible de la ration, soit 22^{gr}, 23, auquel venait s'ajouter l'azote albuminoïde cédé par l'organisme, c'est-à-dire 1^{gr}, 96. Cela fait au total 22, 23 + 1, 96 = 24^{gr}, 19. Ainsi la vache en expérience, ne disposant au maximum que de 24^{gr}, 19 d'azote albuminoïde, en faisait passer néanmoins 53^{gr}, 37 dans son lait. La différence 53, 37 — 24, 19 = 29^{gr}, 18, ne pouvant provenir d'azote albuminoïde, avait nécessairement pour origine l'azote amidé. Autrement dit, la vache devait transformer 29^{gr}, 18 d'azote amidé en azote albuminoïde, c'est-à-dire *fabriquer chaque jour 29, 18 $\times$ 6, 25 = 182^{gr}, 4 de matière albuminoïde au moyen des amides de la ration*.

Si cette belle expérience échappait à toute critique, elle établirait avec une indiscutable netteté le pouvoir que posséderaient éventuellement les vaches laitières de fabriquer de l'azote albuminoïde avec l'azote amidé des aliments.

On voit en effet que dans l'expérience A : 1° $\dfrac{29, 18 \times 100}{53,37} = 54, 7\ ^\circ/_\circ$ de l'azote albuminoïde du lait proviendraient de l'azote amidé de la ration et 2° que $\dfrac{29, 18 \times 100}{62, 03} = 47\ ^\circ/_\circ$ de l'azote amidé de la ration auraient été transformés dans l'organisme en azote albuminoïde. Ne serait-ce pas là un résultat vraiment nouveau par rapport à ceux obtenus dans les recherches danoises et dans l'expérience B de Kellner ? *La transformation possible de l'azote amidé des aliments en azote albuminoïde dans l'organisme serait expérimentalement démontrée.*

Mais l'expérience A de Kellner est-elle concluante, décisive ? Échappet-elle à toute critique sérieuse ? Je ne le crois pas. Pour être juste, reconnaissons d'abord que Kellner lui-même a prévu l'objection qui va nous occuper maintenant. Mais il ne lui a attaché qu'une faible importance. Il écrit, en effet (1) : « On a supposé que les matières azotées non albuminoïdes (par conséquent ici les amides) étaient complètement digérées. Il peut se faire que la supposition ne soit pas tout à fait exacte et que l'animal ait eu à sa disposition

---

(1) Die Ernährung der landw. Nutztiere p. 540, 4ème édition 1907.

un peu plus de matière albuminoïde que ne l'indique le calcul ci-dessus. Mais le résultat capital de l'expérience (A), c'est-à-dire l'utilisation poussée très loin de l'ammoniaque (par conséquent de l'azote amidé) par l'animal producteur de lait n'en est pas moins incontestable (1). »

Si la dernière phrase signifie bien, comme il est probable, que la transformation de l'azote amidé en azote albuminoïde par l'animal producteur de lait reste malgré tout irréfutablement démontrée, il nous semble que Kellner n'a pas estimé à sa juste valeur l'objection que son sens très aiguisé de la critique l'a conduit à soulever lui-même.

Comme nous l'avons vu en effet page 2, les recherches danoises ont établi que les fèces pouvaient renfermer une fraction importante de l'azote amidé des aliments et qu'il s'en fallait souvent de beaucoup que les amides fussent complètement digérées. D'après le 63ᵉ rapport, la digestibilité de l'azote amidé dans les recherches danoises s'est élevée en moyenne à 78,5 0/0, avec un minimum de 66 0/0.

Supposons pour un moment que, dans l'expérience A de Kellner, la digestibilité des amides ait été de 66 0/0. Les données du bilan azoté seraient modifiées comme il suit.

	Azote total.		Azote albuminoïde		Azote. amidé.
	gr		gr.		gr.
La ration renfermant	179,85	dont	117,82	et	62,03
On retrouverait dans les fèces	95,59		74,50		21,09
Seraient donc digérés	84,26		43,32		40,04
Le lait renfermerait	53,37		53,37		
L'urine renfermerait	32,85				32,85

Dès lors l'animal aurait à sa disposition 84ᵍʳ,26 d'azote total dont 43ᵍʳ,32 d'azote albuminoïde et 40ᵍʳ,94 d'azote amidé, *c'est-à-dire beaucoup plus d'azote albuminoïde que tout à l'heure.* Comme auparavant, il excréterait 53ᵍʳ,37 d'azote dans le lait et 32ᵍʳ,85 dans l'urine, au total 53,37 + 32,85 = 86ᵍʳ,22, et l'organisme subirait une perte journalière de 86,22 — 84,26 = 1ᵍʳ,96 d'azote albuminoïde.

Mais, pour faire face aux 53ᵍʳ,37 d'azote albuminoïde qui passent dans le lait, l'animal disposerait maintenant de 43ᵍʳ,32 d'azote albuminoïde digestible auxquels viendraient s'ajouter les 1ᵍʳ,96 cédés par l'organisme, soit au total 43,32 + 1,96 = 45ᵍʳ,28. Cette fois il ne manquerait plus pour la sécrétion du lait que 53,37 — 45,28 = 8ᵍʳ,09 d'azote albuminoïde. Ce *seraient donc 8ᵍʳ09 seulement d'azote amidé qui auraient été transformés en azote albuminoïde, au lieu des 29ᵍʳ18 trouvés tout à l'heure.* Ce ne seraient plus 54,7 0/0,

mais $\dfrac{8,09 \times 100}{53,37} = 15,2$ 0/0 seulement de l'azote albuminoïde du lait qui proviendraient de l'azote amidé de la ration, c'est-à-dire la quantité correspondant à moins de 2 litres de lait au lieu de 6 litres 1/2 précédemment.

On peut prétendre que le bilan ainsi modifié n'en indiquerait pas moins encore une transformation de l'azote amidé des aliments en azote albuminoïde dans l'organisme. Mais quelle preuve avons-nous que la fraction digérée de

---

(1) J'ai ajouté les mots placés entre parenthèses dans la citation.

l'azote amidé n'a pas été inférieure à 66 0/0 ? Si la digestibilité de l'azote amidé était seulement de 53 0/0 dans l'expérience A, l'azote albuminoïde digestible suffirait à la fabrication de la matière azotée du lait. Nous ne pouvons pas affirmer que cette éventualité ne se soit pas produite.

En réalité, la lacune que laisse l'absence de dosage de l'azote amidé dans les fèces et l'objection qu'elle entraîne ont une telle portée que le résultat de l'expérience A cesse de garder le caractère tout à fait concluant qu'il revêtait d'abord. L'expérience A rend problable que la vache laitière, dans certaines circonstances, possède la faculté de transformer l'azote amidé des aliments en azote albuminoïde. Elle ne le démontre pas de façon indiscutable. L'habile expérimentateur de Möckern donnera sans doute avant qu'il soit longtemps l'expérience décisive qui tranchera la question et qu'on attend encore (1). Comme nous venons de le voir, il en possède déjà tous les éléments. A lui et au Laboratoire danois, il faut savoir gré de mettre à profit les puissants moyens de recherches dont ils disposent pour travailler à la solution de ces difficiles et importants problèmes.

Paris, le 18 février 1908.

---

(1) Il existe quelques autres expériences, exécutées non sur des vaches laitières, mais sur des moutons, et dont les auteurs croient avoir démontré la transformation des amides de la ration en albuminoïdes. Les principales sont celles de Strusiewicz (Zeitschrift für Biologie, t. 47.1905) et de Völtz (Pflüger's Archiv t. 117. 1907). Mais Strusiewicz n'a pas déterminé l'azote amidé dans les fèces. Völtz faisait consommer une ration dans laquelle figurait en grande quantité la mélasse, c'est-à-dire un aliment qui peut renfermer beaucoup de nitrates. Or l'azote nitrique de la ration n'a pas été dosé. Ces lacunes rendent tout à fait incertaine la signification des bilans azotés dans ces deux expériences.

Je rappelle enfin que Zuntz et Hagemann ont, il y a déjà quelques années, émis une hypothèse intéressante dans le but d'expliquer pourquoi les amides jouent un rôle considérable dans la nutrition des ruminants, alors que ce rôle reste effacé dans celle des omnivores et des carnivores. Ces deux physiologistes sont d'avis que certaines des bactéries qui pullulent dans la panse des ruminants ont la faculté de transformer les amides de la ration en albuminoïdes et que ces albuminoïdes, ainsi fabriqués par les bactéries aux dépens des amides, sont ensuite mis à profit par l'animal qui héberge les microorganismes. Les vues de Zuntz et Hagemann ont été confirmées par de récentes expériences de M. Müller (Pflüger's Archiv, t. 112. 1906). Ce dernier a cultivé des bactéries de la panse des ruminants en dehors de l'organisme et constaté qu'elles préfèrent les amides aux albuminoïdes comme substances nutritives. Elles ont transformé *in vitro* de l'azote amidé provenant de l'asparagine et du tartrate d'ammoniaque en composés azotés présentant les mêmes réactions que les peptones et l'albumine. M. Müller croit que les bactéries en question opèrent de même dans la panse des ruminants.

NOUVELLES RECHERCHES

SUR

LE MINIMUM INDISPENSABLE

DE

MATIÈRES AZOTÉES ALBUMINOIDES
DANS LA RATION DES VACHES LAITIÈRES

d'après le 63ème rapport du laboratoire de recherches agronomiques de l'École supérieure vétérinaire et agricole de Copenhague

TRADUIT DU DANOIS (I)

Par **A. MALLÈVRE**, professeur à l'Institut national agronomique

---

SOMMAIRE. — I. Introduction. — II. Le minimum d'albuminoïdes nécessaire. — III. Le sort de l'azote nitrique des racines. — IV. L'azote urinaire. — V. L'azote amidé des fourrages verts. — VI. Déterminations calorimétriques. — VII. Digestibilité; azote intestinal. — VIII. Rations à minimum d'azote. — IX. Résumé.

I. — Introduction.

Les expériences dont il est question dans le présent rapport forment la suite et le complément de celles de 1905-1906 qui ont été décrites dans le 60ᵉ rapport du laboratoire danois (2).

En examinant, à la fin des expériences de 1905-1906, les données recueillies, on constata un fait curieux, qui a été relaté dans le chapitre du 60ᵉ rapport consacré au minimum de matière albuminoïde. Quand les vaches se trouvaient au minimum d'azote avec une ration riche, renfermant beaucoup

---

(1) 60ᵈ˟ Beretning fra den Kgl. Veterinœr og Landbohœjskoles Laboratorium for landœkonomische Forsœg. Copenhague, 1907. (Le 63ᵉ rapport danois est la suite et le complément du 60ᵉ rapport dont nous avons publié la traduction dans le compte rendu du XIᵉ Congrès de l'alimentation rationnelle du bétail, 1907.)

(2) Voir la traduction du 60ᵉ rapport danois (Compte rendu du Congrès de l'alimentation rationnelle du bétail, 1907). N.d.T.

de racines, l'excédent (1) d'azote amidé de la ration et l'azote renfermé dans l'urine atteignaient à très peu près la même valeur, pendant qu'en même temps il y avait égalité entre l'azote albuminoïde de la ration et l'azote albuminoïde des fèces et du lait. En pareil cas l'excédent d'azote amidé de la ration devait donc être utilisé par les vaches dans une mesure correspondant à leurs besoins d'azote pour l'entretien.

Jadis on estimait en général la quantité d'azote nécessaire à cet « entretien » à 56 grammes (correspondant à 350 grammes d'albuminoïdes) par jour et par vache d'un poids vif de 500 kilos. Ce chiffre était beaucoup trop élevé, ainsi qu'il résulte nettement des expériences du 60e rapport. D'après ces dernières, quand les vaches se trouvent vraiment au minimum d'azote ou au-dessous de ce minimum, on ne trouve plus que 25 à 30 grammes d'azote dans l'urine. Les 56 grammes en question doivent donc être réduits de moitié environ.

Si la totalité de ces 25 à 30 grammes d'azote urinaire provenaient réellement chaque jour de la désassimilation de matière albuminoïde (de chair) empruntée au corps de la vache, il faudrait que tout l'excédent d'azote amidé de la ration fût converti en matière albuminoïde dans le corps de la vache pour être à nouveau désassimilé et passer à l'état d'azote urinaire. Mais, si les besoins réels d'azote pour l'entretien devenaient inférieurs à ces 25 à 30 grammes, il ne serait plus nécessaire que d'aussi grandes quantités d'azote amidé fussent transformées en albuminoïdes pour être à nouveau désassimilées. La limite extrême correspondrait à la transformation de quantités nulles d'azote amidé. Cela signifierait, il est vrai, que les besoins d'azote pour l'entretien sont également nuls. Aussi avons-nous regardé comme très probable qu'un peu d'azote amidé était transformé en albuminoïdes ; mais nous pensions pouvoir conclure qu'il ne s'agissait là que de très faibles quantités, « au plus de quelques grammes par jour ». Pour la pratique, il était sans importance soit de compter tout l'azote amidé comme recette dans la ration pour retrancher ensuite la même quantité d'azote à titre de dépense dans les fèces et l'urine, soit de laisser complètement de côté cet azote amidé.

Les résultats de toutes les expériences isolées du 60e rapport étaient concordantes sur ce point, et il ne pouvait guère s'agir là de résultats dus au hasard. Il eût été désirable de mieux éclairer encore ce nouveau point avant de le faire connaître. Malheureusement les expériences de 1905-1906 étaient terminées. Nous résolûmes toutefois d'instituer à ce sujet de nouvelles recherches.

Ces recherches, comme celles du 60e rapport, ont été exécutées à Bregentved. La période de préparation commença le 15 octobre 1906 avec le choix des vaches. Les expériences proprement dites furent mises en route le 29 octobre et durèrent jusqu'au 1er février 1907.

On utilisait pour les essais quatre vaches donnant du lait et deux vaches dont les mamelles étaient taries. Primitivement on avait pris trois vaches en lait et trois vaches sèches. Mais, pendant la deuxième période d'expériences,

---

(1) Par « excédent » nous entendons, pour être brefs, la quantité d'azote amidé de la ration moins la quantité d'azote amidé des fèces ; nous désignons en outre sous la rubrique « azote amidé » tout l'azote qui n'appartient pas aux albuminoïdes.

un de ces derniers animaux tomba malade et dut être retiré. On le remplaça par une vache en lactation.

Deux des vaches d'expériences étaient les mêmes que l'année précédente, les n°s 53 et 68. On aurait bien voulu utiliser aussi le n° 64 de l'année passée. On dut y renoncer, l'animal donnant de temps à autre du lait mélangé de sang.

Le mode de travail a été exactement le même qu'en 1905-1906 ; on le trouvera décrit dans le 60° rapport.

II. — Le minimum d'albuminoïdes.

Les expériences décrites dans le 60° Rapport avaient clairement montré que, si l'on veut étudier expérimentalement les besoins minima des vaches laitières en albuminoïdes, il faut apporter la plus grande attention à la valeur nutritive de la ration totale. Le fait qu'une vache, pendant un certain temps, perd de l'azote de son propre corps ne prouve pas du tout qu'elle est réelle ment au-dessous du minimum d'azote : il peut tout aussi bien signifier que la ration consommée est trop faible dans son ensemble. Nous rappellerons, à titre d'exemple, la vache n° 24 pendant les 11° et 12° périodes (60° rapport, p. 79) (1). Pendant la 11° période la ration ne renfermait que 15 unités alimentaires, avec 179 grammes d'azote en tout. La vache paraissait en apparence au-dessous du minimum d'azote ; elle cédait par jour 6 grammes d'azote de son propre corps. Pendant la 12° période, on diminua les tourteaux oléagineux, mais en même temps on ajouta assez de racines pour porter la ration à 18 unités alimentaires ; la quantité d'azote restait d'ailleurs à peu près la même que pendant la 11° période, exactement 183 grammes. Cette fois la vache emmagasina journellement 8 grammes d'azote. Mais, tandis que la quantité d'azote éliminée avec les fèces et le lait était à peu près la même dans les 11° et 12° périodes, l'azote urinaire diminuait de 54 grammes par jour dans la 11° période à 38 grammes seulement dans la 12°. Il n'y a pas de doute que durant la 11° période la vache, en raison de sa ration insuffisante, devait brûler également des albuminoïdes. Pendant la 12° période, elle pouvait, grâce à sa ration plus forte, employer la quantité d'azote relativement petite, dont elle disposait, pour faire face aux fonctions qui exigent de l'azote.

On constatait d'après le 60° rapport, que, dans tous les cas où la ration était parcimonieuse, les vaches avaient toujours un « excédent » d'albuminoïdes, alors même qu'elles perdaient de l'azote de leur propre corps. C'était donc seulement en apparence qu'elles étaient au-dessous du minimum d'azote. Ce qui faisait défaut, ce n'étaient pas les principes nutritifs azotés, mais les principes nutritifs en général ; et le manque apparent d'azote se laissait corriger par un apport de principes non azotés.

Si au contraire la ration était riche et renfermait une grande quantité de racines, les vaches étaient capables, grâce à cette circonstance, de faire face

(1) Les pages indiquées entre parenthèses pour le 60° rapport sont celles de la traduction (Compte rendu du Congrès de 1907).

à toutes les fonctions qui ne réclament pas nécessairement d'azote (telles que : calorification, travail musculaire, etc.) et alors il pouvait se produire un véritable minimum d'azote. Mais, dans tous ces cas, on constatait, d'après le 60ᵉ rapport, que, si la ration renfermait moins d'azote albuminoïde qu'il n'en fallait pour les fèces et le lait, les vaches cédaient de leur propre corps autant d'azote qu'il était nécessaire pour remplacer ce qui faisait défaut. L'excédent d'azote amidé de la ration arrivait alors à couvrir l'azote de l'urine. Les exceptions à cette règle furent peu nombreuses et elles ne dépassèrent jamais quelques grammes d'azote par jour. (Voir le tableau XI, page 102 du 60ᵉ rapport.)

C'est sur cette base que nous définîmes le minimum d'albuminoïdes dans la ration des vaches laitières, comme la quantité d'azote albuminoïde qui devait passer dans les fèces et le lait. Bien que cette nouvelle manière de voir, relative au « minimum d'albuminoïdes », parût découler naturellement des résultats des expériences, personne plus que le Laboratoire lui-même ne désirait qu'elle fût plus complètement mise au point par des recherches spécialement instituées dans ce but.

Nous avons fait ces recherches de deux façons : 1° en donnant aux vaches une ration renfermant une quantité particulièrement élevée d'azote amidé, mais en même temps une quantité totale d'azote trop faible, de telle sorte que les vaches fussent obligées de céder de l'azote de leur propre corps ; 2° en employant une ration renfermant aussi peu d'azote amidé que possible. En raison de ce que nous venons de rappeler, en nous référant au 60ᵉ rapport, il fallait d'ailleurs dans les deux cas veiller à ce que la ration totale fût assez riche pour que les vaches ne se trouvassent pas seulement en apparence, mais bien en réalité, au-dessous du minimum d'azote, quand elles perdaient de l'azote de leur propre corps.

Nous allons maintenant décrire à part ces deux séries d'expériences.

A. — *Expériences avec une ration riche, renfermant beaucoup d'azote amidé, mais trop peu d'azote total.*

Pour ces essais, on utilisa les trois vaches : n° 53, n° 68 et n° 125. Les trois conditions énoncées, auxquelles devait satisfaire la ration (richesse, haute teneur en azote amidé, trop faible teneur en azote total) pouvaient être remplies en faisant consommer une quantité particulièrement élevée de racines. Cela n'offrait aucune difficulté, sauf la question de savoir jusqu'à quel point les vaches pourraient supporter une quantité de betteraves notablement supérieure à 50 kilos par jour, quantité employée dans les essais de l'année précédente. On vit bientôt que la vache n° 125 non seulement supportait pendant un temps assez long, mais encore consommait avec avidité 67,5 kil. de betteraves par jour, sans ressentir de troubles digestifs. Ses excréments étaient bien un peu plus mous que ceux des vaches recevant moins de racines ; mais ils restaient normaux. De même le n° 68 se porta tout à fait bien avec les 60 kilos de racines qu'il absorba pendant une assez longue période. Il n'est pas douteux que la précaution prise de nettoyer et de réchauffer les racines ait joué là un rôle essentiel.

Nous allons maintenant établir la ration et le bilan de l'azote pour chacune des vaches de façon à éclairer la définition nouvelle du minimum d'albuminoïdes. Pour y parvenir, nous adopterons exclusivement dans le présent chapitre la base utilisée dans le 60ᵉ rapport. Dans le chapitre suivant, nous introduirons dans les calculs une donnée avec laquelle il faut certainement compter quand il s'agit de mettre en lumière l'influence qu'exerce l'azote amidé par rapport aux besoins azotés des vaches laitières. Nous commençons avec la vache n° 53 : les chiffres qui la concernent sont rassemblés dans le tableau I.

Tableau I. — Ration et bilan de l'azote pour la vache N° 53.

RATION.	PÉRIODE 1.	PÉRIODE 2.	PÉRIODE 3.	PÉRIODE 4.	PÉRIODE 5.	PÉRIODE 6.	PÉRIODE 7.
	kg	kg	kg	kg	kg	kg	kg
Tourteau de coton	2.00	»	»	0.50	0.50	0.50	1.50
Tourteau de sésame	»	1.50	1.00	»	»	»	»
Racines	25.00	25.00	25.00	30.00	30.00	30.00	40.00
Pulpes de sucrerie	25.00	25.00	25.00	8.68	8.81	14.00	»
Foin	2.50	2.50	2.50	2.50	2.50	2.50	2.50
Paille	3.00	3.00	2.98	1.98	1.89	1.00	2.72
Fécule	»	»	»	0.72	0.73	»	»
Sucre	»	»	»	»	»	0.95	»
Aliment cuit	»	»	»	»	»	1.40	»
Huile de sésame	»	»	0.50	1.25	1.25	»	»
Sel marin	»	»	»	0.03	0.03	0.03	»
Eau de boisson	8.45	6.25	3.47	3.60	6.58	2.70	4.13
Nombre d'unités alimentaires	20	19	»	»	»	»	18
Relation nutritive	1 : 5.4	1 : 6.1	1 : 8.1	1 : 15.0	1 : 15.3	1 : 12.9	1 : 7.1

| BILAN DE L'AZOTE. | AZOTE | | AZOTE | | AZOTE | | AZOTE | | AZOTE | | AZOTE | | AZOTE | |
	albumi-noïde.	amidé.	albumi-noïde.	amidé.	albumi-noïde.	amidé.	albumi-noïde.	amidé.	albumi-noïde.	amidé.	albumi-noïde.	amidé.	albumi-noïde.	amidé.
	gr	gr	gr	gr	gr	gr	gr	gr	gr	gr	gr	gr	gr	gr
Dans les fèces	87	5	68	6	66	5	67	6	68	5	64	3	72	5
Dans le lait	75	0	69	0	63	0	38	0	37	0	35	0	42	0
Somme	162	5	137	6	129	5	105	6	105	5	99	3	114	5
Dans la ration	210	24	183	27	154	25	93	29	92	28	97	28	148	36
Excédent dans la ration	48	19	46	21	25	20	—12	23	—13	23	—2	25	34	31
Gagné ou perdu (—) par le corps	13	0	4	0	7	0	—13	0	—12	0	—1	0	15	0
Reste en excédent	35	19	42	21	18	20	1	23	— 1	23	—1	25	19	31
Dans l'urine	54		63		38		24		24		24		50	
	kg		kg		kg		kg		kg		kg		kg	
Rendement journalier en lait	17.52		16.31		15.31		7.26		7.11		7.38		8.31	
Poids vif	466		458		470		474		472		465		460	

La partie supérieure du tableau I donne la ration de la vache. Dans les deux premières périodes, cette ration comprenait des tourteaux oléagineux, des betteraves, des pulpes de sucrerie, du foin et de la paille. Le tourteau était du tourteau de coton, sauf dans les 2e et 3e périodes, où l'on utilisa celui de sésame. Dans les périodes 3 à 6, on employa en outre de l'huile de sésame, de la fécule etc., comme il ressort du tableau lui-même. En outre, toutes les fois que cela a été possible, on a exprimé la grandeur de la ration en unités alimentaires (1) et l'on a ajouté la relation nutritive, calculée à la manière habituelle (2).

Dans la partie inférieure du tableau I est établi le bilan de l'azote destiné à mettre en lumière le minimum d'albuminoïdes.

On voit que chacune des colonnes est divisée en deux parties avec les deux en-têtes correspondants : azote albuminoïde et azote amidé. L'azote amidé est l'azote non albuminoïde.

La ligne supérieure du bilan de l'azote donne les quantités d'azote albuminoïde et d'azote amidé contenues dans les *fèces* et déterminées par l'analyse chimique. La ligne suivante fournit l'azote du lait qui est considéré entièrement comme de l'azote albuminoïde. Dans les 3e et 4e lignes se trouvent les sommes de l'azote des excréments et du lait, comparées avec la teneur totale de la ration en azote albuminoïde et en azote amidé, teneur déterminée par l'analyse chimique. A la 5e ligne on trouve de la sorte l'*excédent* (ou le déficit) d'azote albuminoïde et d'azote amidé dans la ration, en retranchant les chiffres de la 3e ligne de ceux de la 4e. La 6e ligne donne ensuite la quantité d'azote que la vache a emmagasinée dans son *corps* ou qu'elle a perdu ; en cas de perte, le chiffre est précédé du signe —. Si l'on retranche maintenant les chiffres de la 6e ligne de ceux de la 5e, on obtient dans la 7e ligne les quantités respectives d'azote albuminoïde et d'azote amidé que les vaches ont eues de reste, après qu'ont été couverts les besoins pour les fèces et le lait, avec ou sans appoint de l'azote du corps. Cet excédent doit coïncider avec l'azote éliminé dans l'urine et enregistré à la ligne 8.

Au bas du tableau, on a ajouté le rendement moyen en lait des vaches et leur poids vif moyen durant chaque période d'essai.

Si l'on considère de plus près les chiffres des diverses périodes, on voit que pendant la 1re période où la vache faisait passer 162 grammes d'azote albuminoïde dans les fèces et le lait, tandis qu'il y en avait 210 grammes dans la ration, l'animal avait 48 grammes d'azote albuminoïde de reste, après que ses besoins pour les fèces et le lait étaient couverts. De ces 48 grammes 13 étaient emmagasinés dans le corps ; les 35 autres grammes étaient éliminés par les urines avec les 19 grammes d'azote amidé ; au total $35 + 19 = 54$ grammes d'azote urinaire.

Quelque chose de tout à fait semblable se renouvelle pendant les 2e et 3e périodes.

---

(1) L'unité alimentaire danoise = 1/2 kilogr. de grains (mélange à parties égales d'orge et d'avoine) ou bien la quantité des autres aliments qui possède la même valeur nutritive que ce 1/2 kilogr. de grains. (N.d.T.)

(2) Il s'agit ici de la manière danoise qui consiste à calculer la relation nutritive à l'aide des principes nutritifs bruts (exception faite de la cellulose qui est laissée de côté) et non à l'aide des principes digestibles, comme on le fait en général à l'heure actuelle. (N.d.T.)

Pendant la 4ᵉ période, 105 grammes d'azote albuminoïde passent dans les fèces et le lait, alors qu'il y en a seulement 93 dans la ration, d'où un déficit de 12 grammes. La vache couvrait ce déficit en empruntant 13 grammes d'azote à son propre corps, de sorte que l'excédent d'azote amidé (23 grammes) de la ration parvenait à très peu près à couvrir l'azote urinaire (24 grammes). La même chose se répète avec une grande précision pendant les 5ᵉ et 6ᵉ périodes. Mais durant la 7ᵉ période, où il y a de nouveau un excédent d'azote albuminoïde par rapport à ce qui passe dans les fèces et le lait, on retombe sur les phénomènes observés pendant les trois premières périodes.

Ainsi : 1° *la vache tombe au-dessous du maximum d'azote, quand la quantité d'azote albuminoïde de la ration est insuffisante pour faire face à ce qui passe dans les fèces et le lait* ; 2° *la vache couvre ce déficit par un appoint d'azote emprunté à son propre corps.* Autrement dit : les résultats de l'essai fait avec la vache n° 53 sont en concordance complète avec ceux des expériences antérieures de 1905-1906.

La vache n° 53 confirme encore les essais de l'année précédente sur un autre point, notamment en ce qui concerne la *baisse du rendement en lait* qui se produit quand la limite minima est franchie. Tant que la vache, pendant les 3 premières périodes, s'est maintenue au-dessus du minimum, son rendement journalier en lait a baissé un peu, d'environ 1 kilogr. d'une période à la suivante. Cette baisse est assez forte, étant donné que les périodes n'étaient séparées que par des intervalles de 14 à 20 jours ; elle est certes sensiblement plus grande que celle observée en général sur les vaches fraîchement vêlées et bien nourries. Il faut chercher la cause de ce fait dans l'individualité. La bête appartenait à cette catégorie de vaches qui, quelque temps après le vêlage, éprouvent une forte baisse du rendement en lait. Cela ressort également des chiffres obtenus dans les expériences de l'année précédente et concorde avec les observations faites antérieurement dans la pratique. Mais cette baisse n'est rien en comparaison de celle qui s'est produite dans la 4ᵉ période après que la vache fut placée au-dessous du minimum. On voit notamment qu'il se produisit alors une baisse soudaine de 8 kilogr. dans le rendement journalier en lait. Une fois tombé, ce dernier ne se rétablit pas. Il s'élève bien de 1 kilogr. pendant la 7ᵉ période où la quantité d'albuminoïdes redevient abondante dans la ration, mais il est non seulement loin de remonter à ce qu'il était auparavant, mais encore et à beaucoup près à ce qu'il aurait vraisemblablement dû être, si la vache n'avait pas été maintenue aussi longtemps au-dessous du minimum. Au lieu d'utiliser l'excédent d'albuminoïdes pour la fabrication du lait, la vache, pendant la 7ᵉ période, l'emmagasina dans son propre corps ou le brûla. Elle fixait en effet 15 grammes de cet azote dans son organisme et en éliminait 19 grammes par l'urine en outre des 31 grammes d'azote amidé.

Comme il ressort du tableau I, le n° 53 recevait dans sa ration une quantité d'azote amidé voisine de celle que les vaches trouvaient dans les essais de l'année précédente où fut observé le minimum d'azote. Nous allons maintenant parler des essais exécutés avec les deux vaches n°ˢ 68 et 125 dont les rations renfermaient des quantités d'azote amidé notablement plus grandes.

Les chiffres concernant le n° 68 sont rassemblés dans le tableau II.

Tableau II. — Ration et bilan de l'azote pour la vache N° 68.

RATION.	PÉRIODE 1.	PÉRIODE 2.	PÉRIODE 3.	PÉRIODE 4.	PÉRIODE 5.	PÉRIODE 6.	PÉRIODE 7.
	kg	kg	kg	kg	kg	kg	kg
Tourteau de coton	2.00	1.50	1.00	0.50	0.50	1.00	1.50
Racines	25.00	50.00	60.00	60.00	60.00	60.00	50.00
Pulpes de sucrerie	25.00	»	»	»	»	»	»
Foin	2.50	2.50	2.50	2.50	2.50	2.50	2.50
Paille	3.00	3.00	2.98	2.82	2.63	2.84	2.96
Eau de boisson	8.63	14.67	6.08	4.93	5.13	5.00	7.65
Nombre d'unités alimentaires	20	20	21	18	18	20	19
Relation nutritive	1 : 5.4	1 : 8.0	2 : 9.9	1 : 12.0	1 : 12.2	1 : 9.8	1 : 7.8

BILAN DE L'AZOTE.	PÉRIODE 1. AZOTE albumi-noïde.	amidé.	PÉRIODE 2. AZOTE albumi-noïde.	amidé.	PÉRIODE 3. AZOTE albumi-noïde.	amidé.	PÉRIODE 4. AZOTE albumi-noïde.	amidé.	PÉRIODE 5. AZOTE albumi-noïde.	amidé.	PÉRIODE 6. AZOTE albumi-noïde.	amidé.	PÉRIODE 7. AZOTE albumi-noïde.	amidé.
	gr	gr	gr	gr	gr	gr	gr	gr	gr	gr	gr	gr	gr	gr
Dans les fèces	84	8	81	7	82	12	71	7	73	3	85	5	85	8
Dans le lait	85	0	74	0	65	0	59	0	58	0	59	0	62	0
Somme	169	8	155	7	147	12	130	7	131	3	144	5	147	8
Dans la ration	210	24	158	44	139	47	104	47	103	46	138	47	156	43
Excédent dans la ration	41	16	3	37	—8	35	—26	40	—28	43	— 6	42	9	35
Gagné ou perdu (—) par le corps	5	0	—2	0	—7	0	—18	0	—15	0	4	0	8	0
Reste en excédent	36	16	5	37	—1	35	— 8	40	—13	43	—10	42	1	35
Dans l'urine	52		42		34		32		30		32		36	
	kg		kg		kg		kg		kg		kg		kg	
Rendement journalier en lait	18.58		17.80		15.85		13.53		13.00		13.35		13.65	
Poids vif	470		473		468		465		459		453		450	

Ce tableau est exactement disposé comme le tableau I. La ration du n° 68, pendant toutes les périodes d'essai, se composait de tourteau de coton, de racines, de foin et de paille. Mais alors que, dans les essais de l'année précédente, le maximum de racines consommées s'élevait à 50 kilogrammes par jour, le n° 68 reçut cette année 60 kilogr. de betteraves et la teneur de la ration en azote amidé monta ainsi à 47 grammes.

Si nous considérons maintenant les chiffres relatifs au compte de l'azote pour les diverses périodes d'essai, nous trouvons que, durant la 1ʳᵉ période, il y avait un fort excédent d'azote albuminoïde. La vache pouvait fixer de l'azote dans son organisme et excrétait dans l'urine 36 grammes d'azote d'origine albuminoïde en même temps que 16 grammes d'azote amidé.

Pendant la 2ᵉ période, on retrancha de la ration 1/2 kilogr. de tourteau de coton et l'on remplaça en même temps 25 kilogr. de pulpe de sucrerie par 25 kilogr. de racines. La teneur de la ration en azote albuminoïde tomba à 158 grammes; ce qui correspondait à peu près à la quantité passant dans les fèces et le lait : 155 grammes. Comme on le voit, il y avait un excédent de 3 grammes d'azote albuminoïde en même temps que la vache perdait 2 grammes d'azote albuminoïde de son propre corps. Bien que ces différences soient faibles, nous ferons cependant remarquer de façon générale que, à l'égard de la question étudiée ici, il est sans importance que la vache fournisse de l'azote de son propre corps, même quand il y a un excédent d'albuminoïdes dans la ration. C'est ce qui se produit précisément, comme on l'a indiqué plus haut, chaque fois que la ration est trop parcimonieuse; les vaches doivent alors utiliser les albuminoïdes comme « combustible ». Et alors même que la ration n'est pas trop faible, ce qui n'est vraisemblablement pas le cas pour la vache n° 68 pendant la 2ᵉ période, il peut arriver que la vache, pour une autre raison, utilise les principes nutritifs de sa ration autrement que cela n'a lieu en général. On peut en trouver de temps à autre des exemples (voir entre autres, dans le 60ᵉ rapport, la vache n° 10 pendant la première période). Ce qu'il importe de savoir, c'est si une *vache peut être au-dessus du minimum alors que sa ration renferme trop peu d'azote albuminoïde pour couvrir la quantité de cet azote qui passe dans les fèces et dans le lait.* Autrement dit : une vache, qui fait passer par exemple 150 grammes d'azote albuminoïde dans les fèces et dans le lait peut-elle éviter de descendre au-dessous du minimum, quand sa ration renferme, par exemple, seulement 140 grammes d'azote albuminoïde, même si cette ration contient en outre une grande quantité d'azote amidé? C'est sur ce point que notre attention sera dirigée dans ce qui va suivre.

Pendant la 3ᵉ période, on a retiré de la ration 1/2 kilogr. de tourteau de coton et ajouté 10 kilogr. de racines. La teneur de la ration en azote albuminoïde est tombée à 139 grammes, pendant que la vache en a fait passer 147 grammes dans les fèces et le lait. On voit en outre que la vache a fait face à ce déficit en tombant au-dessous du minimum et en cédant de l'azote de son propre corps, alors qu'en même temps l'excédent d'azote amidé de la ration couvrait l'azote urinaire. C'est la même chose exactement que pour la vache n° 53 et pour les autres cas du 60ᵉ rapport.

Pendant la 4ᵉ période on diminua la ration en retirant 1/2 kilogr. de tourteau de coton, la quantité de racines restant la même. La ration renfermait alors 104 grammes d'azote albuminoïde et 47 grammes d'azote amidé. Comme

130 grammes d'azote albuminoïde passaient dans les fèces et le lait, il se produisit un très fort déficit de 26 grammes. La vache céda une grande quantité d'azote de son corps, à savoir 18 grammes, correspondant à plus de 1/2 kilo de « viande » par jour. *Mais en même temps elle faisait face en apparence aux 8 grammes de déficit à l'aide d'azote amidé.* Pendant la 5ᵉ période où le déficit d'azote albuminoïde pour les fèces et le lait était de 28 grammes, la vache faisait face à ce déficit en cédant 15 grammes d'azote de son propre corps, mais *en même temps elle couvrait en apparence les 13 autres grammes à l'aide d'azote amidé.*

Pendant les 5ᵉ et 6ᵉ périodes, les quantités d'azote urinaire sont naturellement restées au-dessous de l'excédent d'azote amidé de la ration. Le nombre de grammes de cet azote amidé, qui a servi à couvrir le déficit et n'est pas passé dans l'urine, s'est élevé dans les deux périodes respectivement à 8 et 13.

Ainsi une vache, placée fortement au-dessous du minimum pendant une période prolongée et recevant en même temps une grande quantité de racines, semble être capable de couvrir partiellement le déficit d'azote albuminoïde au moyen de l'azote amidé de la ration : mais *elle ne peut en tout cas y parvenir sans tomber au-dessous du minimum et sans couvrir la plus grande partie du déficit en cédant de l'azote de son propre corps.* Alors même qu'on peut provoquer ce phénomène dans des expériences, on doit se mettre en garde contre lui dans la pratique.

Pendant la 6ᵉ période, on augmenta la ration au moyen de 1/2 kilogr. de tourteau de coton ; on y introduisit de cette façon assez d'azote albuminoïde pour couvrir le déficit. Mais la vache augmenta en même temps son élimination d'azote, particulièrement dans les fèces ; il resta encore un déficit de 6 grammes et la bête fixa 4 grammes d'azote albuminoïde dans son organisme. Ces 6 + 4 = 10 grammes furent en apparence couverts à l'aide d'azote amidé.

Il semble par conséquent — d'après le principe que nous utilisons ici et d'après les chiffres du tableau II — que le cas dont il a été question tout à l'heure se soit réalisé, à savoir que la *vache ne soit pas tombée au-dessous du minimum bien que la ration ne renfermât pas une quantité d'azote albuminoïde suffisante pour faire face à l'élimination par les fèces et le lait.* Mais il faut bien remarquer que c'est le seul cas parmi tous les essais de l'année dernière et de cette année où ce phénomène ait été observé (ce qui ressort d'un examen attentif de tous les chiffres du tableau principal 7) (1). Nous pensons que cette observation tout à fait unique (qui porte en outre sur des chiffres très petits), ne peut ni renverser ce qui résulte de toutes les autres observations, ni servir à fonder de nouvelles théories sur l'utilisation de l'azote amidé par les vaches laitières. Une autre raison nous confirme dans cette manière de voir. Nous serons plus tard amenés à considérer cette observation unique sous un nouveau jour. Il apparaîtra comme probable que

---

(1) De même que pour le 60ᵉ rapport, nous avons dû renoncer à reproduire les tableaux principaux du 63ᵉ rapport. Ces tableaux de chiffres, réunis à la fin du rapport, ne couvrent pas moins de 44 pages de l'original danois. C'est là que, le cas échéant, il conviendra de les consulter. (N. d. T.)

·c'est seulement *en apparence* que la vache n° 68 s'est trouvée au-dessous du minimum pendant la 6ᵉ période ; que c'est de même seulement en apparence ·que, durant les périodes 3 à 6, elle a partiellement couvert son déficit au moyen d'azote amidé.

En ce qui concerne la baisse du rendement en lait, le n° 68 présente quelque chose d'analogue au n° 53, à savoir une baisse relativement forte après que la limite minima a été franchie. De la 1ʳᵉ à la 2ᵉ période, alors que ·la vache tombait un peu au-dessous du minimum, la baisse n'était encore que de $0^{kg},78$ par jour ; mais, de la 2ᵉ à la 3ᵉ période, elle atteignit $1^{kg},95$ et, ·de la 3ᵉ à la 4ᵉ période $2^{kg},32$, ce qui doit être regardé comme dû également à ce fait que la ration pendant la 4ᵉ période fut diminuée dans son ensemble. Les 4ᵉ et 5ᵉ périodes se succédèrent sans intervalle et sans changement de ·nourriture (1). Pendant la 6ᵉ période, la baisse du lait s'arrêta, la ration ayant été augmentée. Pendant la 7ᵉ période, la vache était au-dessus du minimum. Du reste, en comparant les chiffres du tableau II avec ceux con- cernant la vache n° 68 dans le 60ᵉ rapport (p. 85 et la courbe, p. 86), on voit ·que le n° 68 (comme cela a été dit auparavant pour le n° 63) s'est comporté vis-à-vis de la baisse du lait tout à fait comme l'année précédente. On remar- ·quera en particulier que la forte baisse ne s'est fait sentir qu'un certain ·temps après que la limite minima avait été franchie (cf. la remarque géné- ·rale sur ce sujet, p. 74 du 60ᵉ rapport).

Pour la troisième des vaches, le n° 125, ayant participé à la série d'essais ·décrite en ce moment, les chiffres sont rassemblés dans le tableau III.

·Tableau

---

(1) Les périodes 4 et 5 permettent ainsi une sorte de contrôle de l'exactitude des expé· ·riences. Cette exactitude résulte de la comparaison deux à deux des chiffres ayant une ·même signification dans les périodes 4 et 5 des tableaux I à IV.

Tableau III. — Ration et bilan de l'azote pour la vache N° 125.

RATION.	PÉRIODE 3.	PÉRIODE 4.	PÉRIODE 5.	PÉRIODE 6.	PÉRIODE 7.
	kg	kg	kg	kg	kg
Tourteau de coton	2.00	1.50	1.50	1.75	1.75
Racines	60.00	67.50	67.50	67.50	67.50
Foin	2.50	2.50	2.50	2.50	2.50
Paille	2.66	2.00	2.05	2.02	2.02
Eau de boisson	11.80	4.25	4.08	2.90	2.96
Nombre d'unités alimentaires	24	23	23	24	24
Relation nutritive	1 : 7.3	1 : 8.5	1 : 8.6	1 : 8.2	1 : 8.2

BILAN DE L'AZOTE.	AZOTE		AZOTE		AZOTE		AZOTE		AZOTE	
	albumi-noïde.	amidé.	albumi-noïde.	amidé.	albumi-noïde.	amidé.	albumi-noïde.	amidé.	albumi-noïde.	amidé.
	gr	gr	gr	gr	gr	gr	gr	gr	gr	gr
Dans les fèces	95	11	93	9	93	6	92	10	85	10
Dans le lait	93	0	83	0	83	0	79	0	79	0
Somme	188	11	176	9	176	6	171	10	164	10
Dans la ration	195	49	162	55	162	54	179	55	177	54
Excédent dans la ration	7	38	—14	46	—14	48	8	45	13	44
Gagné ou perdu (—) par le corps	1	0	— 8	0	— 3	0	13	0	16	0
Reste en excédent	6	38	— 6	46	—11	48	— 5	45	— 3	44
Dans l'urine	44		40		37		40		41	

	PÉRIODE 3.	PÉRIODE 4.	PÉRIODE 5.	PÉRIODE 6.	PÉRIODE 7.
	kg	kg	kg	kg	kg
Rendement journalier en lait	22.00	19.63	19.09	17.52	17.11
Poids vif	491	496	483	483	494

Comme il a été dit plus haut, le n° 125 ne commence à participer aux expériences qu'à partir de la 3ᵉ période. Comme il s'agissait d'une vache très laitière, donnant 22 kilogr. de lait par jour, nous résolûmes d'abord de l'utiliser pour observer la limite du minimum dans le cas d'un rendement en lait plus élevé que celui fourni par les bêtes du 60ᵉ rapport. D'après les observations antérieures, nous pensions que la ration de la 3ᵉ période indiquée au tableau III correspondrait à peu près au minimum pour 22 kilogr. de lait. Le n° 125 reçut donc cette ration qui contenait 23 à 24 unités alimentaires avec une relation nutritive de 1 : 7,3 et dans laquelle se trouvaient 244 grammes d'azote, dont 195 d'azote albuminoïde et 49 grammes d'azote amidé.

Le tableau III montre que la ration a été dans le voisinage du minimum, de sorte que les limites minima, insérées dans le 60ᵉ rapport, page 23, peuvent être complétées ainsi :

2 kilogr. de tourteau de coton, 60 kilogr. de racines, 2ᵏᵍ,5 de foin et 3 kilogr. de paille pour environ 22 litres de lait. Mais, naturellement, il faut appliquer ici encore la *réserve générale*, formulée à l'endroit indiqué du 60ᵉ rapport, en ce qui concerne les observations des minima.

Après que cette observation fut faite sur la vache n° 125 pendant la 3ᵉ période, on utilisa l'animal pour compléter les essais du 60ᵉ rapport mieux encore qu'on n'avait pu le faire avec le n° 68. Le n° 125 avait en effet consommé avec une extrême facilité les 60 kilogr. de betteraves qu'il recevait pendant la 3ᵉ période. Il semblait devoir être en état d'en absorber plus encore.

Pendant la 4ᵉ période, on retira de sa ration 1/2 kilogr. de tourteau de coton et l'on y ajouta 7ᵏᵍ,5 de racines. La ration renfermait alors 162 grammes d'azote albuminoïde. Comme la vache en faisait passer 176 dans les fèces et le lait, il y eut un déficit de 14 grammes. La vache couvrit la plus grande partie de ce déficit en cédant de l'azote de son propre corps. Mais, de même qu'on l'a vu pour le n° 68, il semble, d'après les chiffres du tableau III, qu'elle utilisait aussi de l'azote amidé pour couvrir une partie de ce même déficit.

On voit cette fois encore que la vache n° 125 *tombe au-dessous du minimum d'azote quand sa ration renferme trop peu d'azote albuminoïde pour couvrir l'azote albuminoïde éliminé dans les fèces et le lait.* Et, bien qu'elle semble aussi couvrir une partie du déficit au moyen de l'azote amidé qui se trouve en grande quantité dans la ration, elle ne le fait pas, en tout cas, sans céder en même temps de l'azote de son propre corps et sans réduire par suite notablement son rendement en lait. On verra d'ailleurs plus tard aussi que cette vache n'a probablement pas utilisé d'azote amidé pour faire face au déficit.

Pendant les 6ᵉ et 7ᵉ périodes, la vache reçut un supplément de 0ᵏᵍ,25 de tourteau de coton. Il y eut alors assez d'azote albuminoïde dans la ration pour couvrir l'élimination par les fèces et le lait ; la vache se plaça en même temps au-dessus du minimum. Dans ces deux périodes, on constate un petit excédent de 5 et 3 grammes d'azote amidé dont la vache a semblé faire usage ; nous reviendrons plus tard sur ce point.

Pour cette vache aussi, on observait une *forte baisse du rendement* en lait, quand la limite minima était franchie. Pendant toute la 3ᵉ période, le rendement avait été à peu près constant ; mais, pendant la 4ᵉ période, il baissa d'environ 2^{kg},5 et cette baisse se poursuivit pendant les 5ᵉ et 6ᵉ périodes, alors que la vache était revenue au-dessus du minimum. Elle s'arrêta seulement lors de la 7ᵉ période, par conséquent un temps assez long après que la vache fut repassée au-dessus du minimum.

Voici donc un fait qui ressort nettement des expériences de l'année dernière et de cette année : *quand la ration renferme moins d'azote albuminoïde qu'il n'en est éliminé dans les fèces et le lait, les vaches tombent au-dessous du minimum et cèdent de l'azote de leur propre corps ; on est par suite autorisé à définir le minimum d'albuminoïde comme nous l'avons fait.* Et alors même que, à l'aide de l'azote amidé de la ration, les vaches seraient capables de couvrir *partiellement* le déficit qui se produit quand elles sont au-dessous du minimum pendant un temps prolongé, les conditions mêmes du minimum ne se trouveraient pas changées, puisque la seule question qui soit à considérer ici est celle de savoir *si l'organisme doit contribuer ou non à couvrir le déficit.*

Le prochain chapitre montrera toutefois que, probablement, l'organisme couvre **tout** le déficit d'azote albuminoïde des fèces et du lait, et que l'azote amidé ne prend aucune part à ce phénomène.

Si les conditions du minimum avec une ration riche, renfermant une grande quantité de racines, sont exprimées par la relation :

Azote albuminoïde de la ration = azote albuminoïde des fèces + azote albuminoïde du lait, le bilan de l'azote entraîne en outre la relation suivante qui s'applique au point minimum dans les mêmes conditions :

Azote amidé de la ration = azote amidé des fèces + azote de l'urine.

En ce qui concerne la pratique, la première de ces deux relations est suffisante pour déterminer le minimum d'azote albuminoïde dont les vaches ont besoin pour ne pas être obligées de céder de l'azote de leur propre corps.

On peut par conséquent dans la pratique, comme on l'a dit plus haut, ou bien compter comme « recette » tout l'azote amidé de la ration et en même temps compter la même quantité d'azote comme « dépense » dans les fèces et l'urine, ou bien l'on peut laisser ces deux quantités en dehors du bilan.

La quantité d'azote, qui doit être utilisée pour « l'entretien » et qui passe dans l'urine comme « matière albuminoïde désassimilée », disparaît alors également du bilan. Cette quantité d'azote se dissimule dans la seconde des relations ci-dessus établies ; mais personne n'en connaît le montant. Nos essais du 60ᵉ rapport et les essais actuels prouvent en tout cas qu'elle ne peut s'élever à 56 grammes d'azote albuminoïde (correspondant à 350 grammes d'albuminoïde), comme on l'admettait jadis couramment. D'après les essais du 60ᵉ rapport, cette quantité d'azote devrait être réduite de moitié ; quant à savoir si cette quantité réduite de moitié représentait vraiment la quantité minima, seules de nouvelles expériences pouvaient l'établir.

Dans le but d'éclaircir la question, on expérimenta sur les trois vaches nᵒˢ 122, 117 et 134 dont la première était une vache en lait, et les deux autres des vaches sèches.

B. — *Expériences avec une ration renfermant aussi peu d'azote amidé que possible.*

Admettons un instant que la quantité d'azote utilisée par les vaches pour l'entretien de leur propre organisme soit éliminée par l'urine. Si l'on veut déterminer par l'expérience quelle est le minimum d'azote requis dans ce but, il faut organiser les expériences de façon que la quantité d'azote soit minima dans l'urine. La ration doit remplir les conditions suivantes : tout d'abord elle doit contenir *aussi peu d'azote amidé que possible*; tous nos essais ont en effet montré que, quelle que soit la signification attribuée à l'azote amidé, la quantité d'azote urinaire est d'autant plus élevée que la ration contient plus d'azote amidé. En outre la quantité *d'albuminoïdes de la ration ne doit pas dépasser* les besoins minima des vaches; car tout excédent sera utilisé par elles comme « combustible » et viendra par suite augmenter l'azote urinaire. D'autre part, il ne faut pas qu'il y ait assez peu d'albuminoïdes dans les rations pour que les vaches cèdent de l'azote de leur propre corps; en pareil cas, on les force à se faire « carnivores » et l'azote urinaire devient trop élevé. Enfin la *ration doit être assez forte*, c'est-à-dire doit renfermer assez de principes non azotés, pour que les vaches puissent, à l'aide de ces derniers, suffire à toutes les fonctions qui ne réclament pas d'azote. De cette façon elles évitent d'utiliser comme « combustible » les albuminoïdes de la ration.

Pour obtenir une ration remplissant ces trois conditions (teneur presque nulle en amides, minimum d'albuminoïde, et cependant valeur nutritive élevée), nous ne pouvions nous borner à utiliser les aliments ordinaires : tourteaux, racines, foin et paille. Il fallut remplacer les betteraves par des pulpes de sucrerie, le foin en tout ou en partie par de la paille, et ajouter des principes nutritifs tels que l'amidon et le sucre. On réussit à remplir ces conditions... sur le papier; mais les vaches posaient une quatrième condition. La *ration devait en effet se présenter avec des caractères tels qu'elle pût être consommée en quantité suffisante.* En réalité on ne parvint pas à remplir cette dernière condition avec les mélanges d'aliments que nous employâmes. Les vaches laissèrent souvent une partie de leur nourriture sans la consommer, parfois refusèrent complètement de manger. Par suite il fut souvent difficile de maintenir la ration constante pendant un temps assez long pour constituer une « période d'essai ». Une période d'essai devait durer en effet environ 14 jours, et c'est pendant les six derniers jours qu'il fallait prélever les échantillons moyens des fèces, d'urine et de lait correspondant à la ration étudiée, ainsi qu'on l'a expliqué dans le 60° rapport.

Nous dûmes, dès lors, réduire nos exigences en ce qui concerne les intervalles séparant les périodes et la durée des périodes elles-mêmes; il fallut se contenter de périodes de 4 à 5 jours et même parfois on ne réussit pas à constituer des périodes d'essai pour quelques-unes des vaches. Les expériences sur les vaches nᵒˢ 122, 117 et 134 ne sont donc pas aussi bonnes qu'on pourrait le souhaiter. Nous les communiquons telles qu'elles sont. Elles fournissent en tout cas, pensons-nous, une contribution à l'étude de la question du minimum de l'azote urinaire et par là même du minimum d'azote nécessaire à « l'entretien ».

D'ailleurs, étant données les observations faites au cours de ces expériences, nous sommes d'avis que cette question n'est guère susceptible d'être résolue de façon exacte par des essais sur les animaux. Ceux-ci ne sont pas en état de se forcer à consommer une ration qui ne leur plaît pas, alors même que, à strictement parler, elle leur permettrait de vivre.

Les chiffres concernant le nᵒ 122 sont rassemblés dans le tableau IV.

Tableau IV. — Ration et bilan de l'azote pour la vache N° 122.

RATION.	PÉRIODE 1.	PÉRIODE 2.	PÉRIODE 3.	PÉRIODE 4.	PÉRIODE 5.	PÉRIODE 6.	PÉRIODE 7.
	kg	kg	kg	kg	kg	kg	kg
Tourteau de coton	2.00	1.50	1.00	0.50	0.50	0.50	1.50
Racines	25.00	»	»	»	»	»	40.00
Pulpes de sucrerie	25.00	40.50	45.00	27.65	27.75	17.34	»
Foin	2.50	2.50	2.50	2.50	2.50	2.50	2.50
Paille	3.00	3.00	2.99	2.18	2.09	1.39	2.91
Amidon	»	2.22	2.75	2.30	2.31	»	»
Sucre	»	»	»	2.30	2.31	1.16	»
Huile d'arachide	»	»	0.25	»	»	»	»
Aliment cuit	»	»	»	»	»	3.50	»
Sel marin	»	»	0.07	0.06	0.06	0.06	»
Eau de boisson	9.17	12.47	16.10	19.50	19.47	21.40	11.50
Nombre d'unités alimentaires	20	(20)	»	»	»	»	17
Relation nutritive	1 : 5.4	1 : 6.4	1 : 8.1	1 : 12.4	1 : 12.4	1 : 14.6	1 : 7.1

BILAN DE L'AZOTE.	AZOTE		AZOTE		AZOTE		AZOTE		AZOTE		AZOTE		AZOTE	
	albumi-noïde.	amidé.	albumi-noïde.	amidé.	albumi-noïde.	amidé.	albumi-noïde.	amidé.	albumi-noïde.	amidé.	albumi-noïde.	amidé.	albumi-noïde.	amidé.
	gr	gr	gr	gr	gr	gr	gr	gr	gr	gr	gr	gr	gr	gr
Dans les fèces	91	8	84	3	80	1	60	1	56	2	48	0	73	5
Dans le lait	79	8	71	0	64	0	46	0	44	0	39	0	50	0
Somme	170	8	155	3	144	1	106	1	100	2	87	0	123	5
Dans la ration	210	24	179	15	160	10	101	11	100	10	86	9	149	36
Excédent dans la ration	0	16	24	12	16	9	— 5	10	0	8	— 1	9	26	81
Gagné ou perdu (—) par le corps	0	0	2	0	2	0	—13	0	—10	0	— 9	0	5	0
Reste en excédent	40	16	22	12	14	9	8	10	10	8	8	9	21	31
Dans l'urine	56		34		23		18		10		17		52	
	kg		kg		kg		kg		kg		kg		kg	
Rendement journalier en lait	18.30		16.15		15.54		10.82		9.85		10.84		10.68	
Poids vif	461		463		469		453		448		426		430	

Comme pour les trois vaches déjà examinées, on constate que la bête cède de l'azote de son propre corps dès que la ration ne renferme plus assez d'azote albuminoïde pour couvrir ce qui passe dans les fèces et le lait. On voit en outre qu'ici les *déficits sont toujours couverts complètement par l'azote de l'organisme*, de sorte que les chiffres représentant le reste en excédant sont toujours négatifs. On remarquera d'ailleurs que *l'appoint d'azote fourni par l'organisme est constamment beaucoup plus élevé que le déficit.*

Les rendements en lait présentent, après que la limite minima est franchie, une baisse aussi forte environ que celle observée pour la vache n° 53.

On se proposait, à vrai dire, d'établir une comparaison entre le n° 122 et le n° 68. C'étaient en effet deux vaches très semblables, donnant la même quantité de lait au début des expériences. Si les deux bêtes recevaient une ration également forte et renfermant à peu près la même quantité d'azote total, mais de telle façon que l'une d'elles, le n° 68, trouvât dans sa ration beaucoup d'azote amidé et l'autre (le n° 122) aussi peu que possible, la comparaison devait jeter quelque lumière sur la valeur de l'azote amidé par rapport à l'azote albuminoïde.

On ne réussit cependant pas à faire cette comparaison.

Le n° 122 refusa peu à peu sa ration : dès la 3ᵉ période, il montra de temps à autre peu d'appétit et, à partir de la 4ᵉ période, on ne réussit plus à lui faire absorber sa ration entière. Les quantités d'aliments et d'azote ingérés devinrent trop faibles pour que la comparaison projetée avec le n° 68 fût possible.

La cause de la baisse relativement forte qui se manifesta dans le rendement en lait de la vache n° 122 pendant les 2ᵉ et 3ᵉ périodes n'est peut-être pas due seulement à ce que la bête était au-dessous du minimum, mais sans doute aussi au dégoût qu'elle manifestait pour sa nourriture anormale.

Ainsi les chiffres de l'azote sont comparables seulement dans les trois premières périodes ; les voici, extraits des tableaux II et IV :

	1ʳᵉ période.		2ᵉ période.		3ᵉ période.	
	N° 68.	N° 122.	N° 68.	N° 122.	N° 68.	N° 122.
Dans la ration : azote total.....	224ᵍʳ	234ᵍʳ	202ᵍʳ	194ᵍʳ	186ᵍʳ	170ᵍʳ
— — : azote albumin..	210	210	158	170	139	160
— — : azote amidé....	24	24	44	15	47	10
Dans les fèces : azote albumin..	84	91	81	84	82	80
— — : azote amidé....	8	8	7	3	12	1
Dans le lait : azote albuminoïde.	85	79	74	71	65	64
Dans l'urine : azote total........	52	56	42	34	34	23
Fixé (ou perdu) par l'organisme : azote albuminoïde...........	+5	0	—2	+2	—7	+2

Pendant la 1ʳᵉ période, les vaches recevaient une même ration ; pendant les 2ᵉ et 3ᵉ périodes, la quantité d'azote total était un peu plus forte dans la ration du n° 68, mais, par contre, la quantité d'azote albuminoïde était moindre. Pendant ces deux périodes, le n° 68 avait 21 grammes d'azote albuminoïde en moins, mais en même temps 29 et 37 grammes d'azote amidé en plus.

Pendant les trois périodes, les vaches ont éliminé à très peu près les mêmes quantités d'azote albuminoïde dans les fèces et dans le lait. Mais, pendant les 2ᵉ et 3ᵉ périodes, le n° 122 a pu épargner plus d'azote dans l'urine que le n° 68. De même le n° 122, malgré les moins grandes quantités d'azote total ingéré, a pu se maintenir au-dessus du minimum, pendant que le n° 68 tombait au-dessous du minimum.

Les différences de l'azote urinaire pendant les 2ᵉ et 3ᵉ périodes ne sont certainement pas aussi grandes que les différences d'azote amidé dans les rations. Ceci est dû en partie à la quantité différente d'azote amidé éliminé dans les fèces par les deux vaches, en partie aussi à cette circonstance que le n° 68 utilisait en apparence un peu d'azote amidé. Il n'est pas douteux cependant que les différences d'azote urinaire aient été provoquées par les différences d'azote amidé dans la ration.

Comme on l'a dit, les chiffres ne sont pas comparables de la 4ᵉ à la 6ᵉ période. On voit cependant que, chez la vache n° 122, l'azote urinaire est notablement moins élevé que chez la vache n° 68. Cette différence eût été certainement plus accentuée, si le n° 68 avait donné la même quantité de lait que le n° 122. Mais il ne faut pas oublier que les chiffres qui concernent le « reste en excédent » d'azote albuminoïde sont constamment positifs pour le n° 122 dans le tableau IV tandis qu'ils sont négatifs dans le tableau II pour le n° 68. Cela indique que *le n° 122 avait à couvrir une dépense d'azote pour laquelle il lui fallait employer de l'azote albuminoïde en sus de ce qui passait dans les fèces et le lait,* tandis *que le n° 68 pouvait couvrir sa dépense correspondante avec de l'azote amidé.*

Pendant la 7ᵉ période où les deux vaches furent placées au-dessus du minimum, la quantité d'azote monta beaucoup plus dans l'urine du n° 122 que dans celle du n° 68. La différence correspond à peu près à celle observée dans l'azote du lait.

Les chiffres concernant le n° 122 dans le tableau IV montrent que les quantités d'azote urinaire se maintiennent tout à fait constantes pendant les périodes 4, 5 et 6. Si ces chiffres indiquent les quantités d'azote que les vaches ont désassimilé pour l'entretien pendant ces périodes, on arrive à environ 18 grammes par jour. Parmi ces 18 grammes figure l'excédent d'azote amidé de la ration qui s'élève environ à 9 grammes.

Les tableaux V et VI résument les chiffres des expériences faites avec les deux vaches sèches, n°ˢ 117 et 134.

Tableau

Tableau V. — Ration et bilan de l'azote pour la vache N° 117.

RATION.	PÉRIODE 1.	PÉRIODE 2.	PÉRIODE 3.	PÉRIODE 4.	PÉRIODE 7.
	kg	kg	kg	kg	kg
Pulpes de sucrerie	30.00	30.00	20.00	18.47	»
Racines	»	»	»	»	30.00
Foin	»	»	»	0.50	2.50
Paille	3.40	2.74	1.63	1.56	1.69
Maïs concassé	»	»	»	0.50	»
Amidon	»	2.59	3.00	0.92	»
Sucre	»	»	»	0.92	»
Huile d'arachide	»	»	1.00	»	»
Sel	»	»	0.05	0.06	»
Eau de boisson	0	0	1.63	0	0
Relation nutritive	1 : 9.2	1 : 15.7	1 : 31.6	1 : 14.2	1 : 14.0

BILAN DE L'AZOTE.	AZOTE		AZOTE		AZOTE		AZOTE		AZOTE	
	albumi-noïde.	amidé.	albumi-noïde.	amidé.	albumi-noïde.	amidé.	albumi-noïde.	amidé.	albumi-noïde.	amidé.
	gr	gr	gr	gr	gr	gr	gr	gr	gr	gr
Dans les fèces	32	1	37	2	26	1	29	1	41	3
Dans la ration	53	2	49	4	33	2	43	3	53	26
Excédent dans la ration	21	1	12	2	7	1	14	2	12	23
Gagné ou perdu (—) par le corps	— 4	0	— 3	0	— 9	0	2	0	10	0
Reste en excédent	25	1	15	2	16	1	12	2	2	23
Dans l'urine	26		17		17		14		25	
Poids vif	490 kg		488 kg		488 kg		485 kg		494 kg	

Pour obtenir une ration aussi pauvre en amides que possible, on a remplacé les betteraves par des pulpes de sucrerie et le foin par de la paille. Pendant les trois premières périodes, on a employé de la paille de seigle ; ensuite, de la paille d'orge. En outre on s'est servi d'amidon et de sucre. Pendant une seule période, on a ajouté de l'huile d'arachides.

Du tableau V résulte que la vache n° 117, pendant la 1ʳᵉ période, a reçu 30 kilogr. de pulpes et 3ᵏᵍ,4 de paille avec 53 grammes d'azote albuminoïde et 2 grammes d'azote amidé. La vache éliminait 32 grammes d'azote albuminoïde dans les fèces ; restaient par conséquent 21 grammes. Comme la bête cédait 4 grammes d'azote de son propre corps, elle semblait désassimiler 25 grammes d'azote albuminoïde pour son entretien. Cette quantité d'azote ajoutée à l'unique gramme d'excédent d'azote amidé était éliminée par l'urine : soit 26 grammes d'azote urinaire.

Toutefois il était possible qu'une partie des albuminoïdes fût utilisée pour la calorification, auquel cas les 26 grammes d'azote urinaire n'auraient pas représenté l'azote désassimilé pour « l'entretien ». Aussi avons-nous donné un supplément de 2ᵏᵍ,59 d'amidon. Le poids de paille consommée ayant en outre diminué, parce que la bête en laissait plus que pendant la 1ʳᵉ période, la quantité d'azote albuminoïde de la ration tomba à 49 grammes. Cette dernière renfermait en outre 4 grammes d'azote amidé.

La plus forte ration provoqua une élimination un peu plus grande d'azote albuminoïde dans les fèces (37 grammes au total). Il ne restait donc plus pour l'entretien que 12 grammes d'azote albuminoïde en excédent au lieu de 21 grammes pendant la 1ʳᵉ période. La vache se trouva encore au-dessous du minimum. Mais, malgré le moindre excédent d'azote albuminoïde dans la ration, la vache ne céda que 3 grammes d'azote de son propre corps, par conséquent à très peu près la même quantité que pendant la 1ʳᵉ période. La quantité d'azote urinaire tomba à 17 grammes.

Nous diminuâmes de nouveau la quantité d'azote de la ration pendant la 3ᵉ période en réduisant les pulpes à 20 kilogr. et en portant à 3 kilogr. la quantité d'amidon : en outre, on ajouta à la ration 1 kilogr. d'huile d'arachide pour donner à la vache une forte quantité de « combustible ». La ration ne renfermait plus que 33 grammes d'azote albuminoïde (en outre de 2 grammes d'azote amidé). La vache diminua son élimination d'azote dans les fèces jusqu'à 26 grammes. Il restait 7 grammes d'azote albuminoïde pour « l'entretien ». La bête dut céder 9 grammes d'azote de son propre corps, de sorte que l'azote urinaire s'éleva à $7 + 9 + 1 = 17$ grammes d'azote, soit la même quantité que pendant la 2ᵉ période.

Nous modifiâmes alors la ration pendant la 4ᵉ période de façon à augmenter l'azote albuminoïde d'un nombre de grammes sensiblement égal à celui de l'azote que la vache avait dû céder pendant la 3ᵉ période. Dans ce but, on ajouta du foin et du maïs concassé. En outre, on remplaça l'amidon par du sucre. Ces changements eurent pour résultat de rendre la ration plus appétissante pour la vache qui avait montré quelque hésitation à consommer sa nourriture pendant la 3ᵉ période. L'huile d'arachide en particulier lui avait déplu et nous cessâmes d'employer ce produit.

On voit que la ration de la 4ᵉ période renfermait 43 grammes d'azote albuminoïde $+$ 3 grammes d'azote amidé. La vache éliminait 29 grammes d'azote albuminoïde dans les fèces. Restaient 14 grammes pour « l'entretien ». On constata que *la bête pouvait se contenter de ces 14 grammes et même fixer 2 grammes d'azote dans son corps.* D'où un excédent de 12 grammes qui fut éliminé dans l'urine en outre des 2 grammes d'azote amidé, soit au total 14 grammes d'azote urinaire.

Les chiffres concernant la vache sèche n° 134 sont inscrits dans le tableau VI.

Tableau

Tableau VI. — Ration et bilan de l'azote pour la vache N° 134.

RATION.	PÉRIODE 1.	PÉRIODE 2.	PÉRIODE 3.	PÉRIODE 4.	PÉRIODE 7.
	kg	kg	kg	kg	kg
Pulpes de sucrerie	30.00	15.00	15.00	20.00	30.00
Racines	»	»	»	0.50	2.50
Foin	4.48	2.85	1.12	1.32	2.15
Paille	»	»	»	0.50	»
Maïs concassé	»	4.32	4.38	1.00	»
Amidon	»	»	»	1.00	»
Sucre	»	»	1.00	»	»
Huile d'arachide	»	»	0.05	0.06	»
Sel	0	5.42	1.92	0.97	0
Eau de boisson					
Relation nutritive	1 : 9.3	1 : 27.8	1 : 45.7	1 : 14.4	1 : 13.8

BILAN DE L'AZOTE.	AZOTE		AZOTE		AZOTE		AZOTE		AZOTE	
	albuminoïde.	amidé.	albuminoïde.	amidé.	albuminoïde.	amidé.	albuminoïde.	amidé.	albuminoïde.	amidé.
	gr	gr	gr	gr	gr	gr	gr	gr	gr	gr
Dans les fèces	37	0	33	1	29	0	27	2	42	3
Dans la ration	57	3	31	3	25	2	44	3	55	27
Excédent dans la ration	20	3	— 2	2	— 4	2	17	1	13	24
Gagné ou perdu (—) par le corps	— 5	3	—15	0	—18	0	3	0	16	0
Reste en excédent	25	3	13	2	14	1	14	1	— 3	24
Dans l'urine	28		15		16		15		21	

Poids vif	PÉRIODE 1.	PÉRIODE 2.	PÉRIODE 3.	PÉRIODE 4.	PÉRIODE 7.
	kg	kg	kg	kg	kg
Poids vif	466	461	428	443	443

L'expérience sur le n° 134 est tout à fait analogue à celle décrite à l'instant pour le n° 117, sauf que les quantités d'azote de la ration sont encore plus faibles pendant la 2ᵉ et la 3ᵉ période.

Pendant la 1ʳᵉ période il n'y avait pas d'autre différence dans la ration des deux vaches sèches que celle causée par les quantités un peu inégales de paille consommée. Le n° 134 recevait un peu plus d'azote que le n° 117, mais comme il en éliminait en même temps dans les fèces un peu plus que ce dernier, il restait au n° 134 à très peu près la même quantité d'azote pour « l'entretien » qu'au n° 117, à savoir 20 grammes. La perte de l'organisme en azote fut également à très peu près la même, à savoir 5 grammes. L'urine renfermait au total $20 + 5 + 3 = 28$ grammes d'azote. Durant la 2ᵉ période, on diminua l'azote de la ration en retirant 15 kilogr. de pulpes ; mais en même temps le n° 134 reçut une quantité d'amidon encore plus grande que le n° 117. Les chiffres de la 2ᵉ période montrent que *la vache éliminait plus d'azote dans les fèces qu'elle n'en recevait dans sa ration.* D'où un déficit de 2 grammes d'azote albuminoïde rien que de ce fait. La vache dut dès lors céder de son propre corps encore plus d'azote que pendant la 1ʳᵉ période et plus également que le n° 117 pendant la 2ᵉ période, en tout 15 grammes. Deux de ces 15 grammes passant dans les fèces et la ration présentant un excédant d'azote amidé de 2 grammes, l'urine renfermait $15 - 2 + 2 = 15$ grammes d'azote.

Pendant la 3ᵉ période, la quantité d'azote de la ration fut encore moindre, parce que la vache mangea moins de paille. La bête céda un peu plus d'azote de son propre corps que pendant la 2ᵉ période. L'azote urinaire s'éleva à 16 grammes au total.

Pendant la 4ᵉ période, on modifia la ration du n° 134 de façon à augmenter l'azote albuminoïde d'une quantité égale au nombre de grammes d'azote perdu par l'organisme pendant la 3ᵉ période. On ajouta du foin, du maïs concassé et du sucre, comme il a été dit plus haut à propos du n° 117.

On voit que le n° 134 pendant la 4ᵉ période avait 17 grammes d'azote albuminoïde en sus de ce qu'il éliminait dans les fèces. Il fixait 3 grammes d'azote dans son corps, de sorte que l'urine renfermait 14 grammes d'azote provenant des albuminoïdes et 1 gramme des amides, au total 15 grammes.

Le résultat de la 4ᵉ période concorde très exactement pour les deux vaches sèches : le n° 117 avait 14 grammes d'azote albuminoïde en sus de ce qu'il éliminait dans les fèces et fixait 2 grammes d'azote dans son corps pendant que le n° 134 avait 17 grammes d'excédent et fixait 3 grammes. Comme tous deux avaient de l'azote albuminoïde à leur disposition, il n'y a pas de raison pour admettre qu'ils aient utilisé de l'azote amidé pour l'emmagasiner dans le corps sous forme d'azote albuminoïde. D'ailleurs les deux vaches ne disposaient respectivement que de 2 et de 1 gramme d'azote amidé, de sorte que cela ne fait guère de différence, que l'azote amidé ait été employé d'une façon ou d'une autre.

Ainsi donc les deux vaches ont pu se contenter respectivement de 12 et de 14 grammes d'azote pour « l'entretien » ; il résulte de là que la quantité nécessaire d'azote urinaire trouvée dans les expériences du 60ᵉ rapport, à savoir 26 à 28 grammes, a *été de nouveau abaissée de moitié.* Mais il n'est pas vraisemblable que les quantités d'azote trouvées soient les plus petites dont puivent se contenter les vaches pour leur entretien. Selon toute apparence, celles-ci auraient pu abaisser encore leur dépense d'azote et réduire l'azote éliminé dans l'urine, si elles avaient été des êtres raisonnables, capables d'appliquer leur volonté à consommer pendant un temps prolongé une ration qui ne leur plaisait pas, bien que cette ration renfermât encore assez d'azote pour prévenir toute perte azotée de la part de l'organisme. Mais c'était impossible avec des animaux auxquels l'appétit faisait constamment défaut et qui laissaient une partie de leur ration sans la consommer. Il arriva même pulsieurs fois qu'ils refusèrent complètement de manger. Ils se trouvaient visiblement mal à l'aise et il n'était plus possible de poursuivre l'expérience plus longtemps.

Non seulement il est douteux qu'en expérimentant sur des animaux on puisse trouver le minimum d'azote nécessaire pour l'entretien, mais encore il est douteux qu'on ait le droit de parler d'un minimum. Il semble plutôt qu'à ce point de vue, les vaches soient capables, suivant les circonstances, d'épargner quand elles ont peu d'azote et de dépenser davantage quand elles en ont beaucoup. Mais ce sont deux choses bien différentes que de savoir ce dont une vache *peut* se contenter et ce dont elle *doit* se contenter. On constate, en effet, toujours qu'on nuit aux vaches en leur imposant une ration très pauvre en azote, même si elles peuvent à la rigueur vivre avec une telle ration. Économiquement, une semblable ration est certes défavorable.

Nous résolûmes de ne pas conduire plus loin l'expérience destinée à la recherche du minimum d'azote nécessaire à l'entretien chez les deux vaches sèches. Par contre, après la 4ᵉ période, nous avons, autant que possible, maintenu constante la teneur de la ration en azote. Nous étions d'ailleurs forcés de temps en temps, pour maintenir l'appétit des vaches, de modifier la composition de la ration en faisant varier l'amidon, le sucre, le maïs concassé, le foin, etc., en changeant aussi la forme sous laquelle étaient présentés ces aliments. C'est ainsi qu'en faisant cuire de l'amidon, du sucre et de la graisse, on prépara un pain dur (1) que les vaches consommèrent avec un réel appétit pendant un certain temps ; mais à la longue, elles s'en fatiguèrent aussi.

On ne pouvait maintenir la ration assez longtemps constante pour pouvoir former une « période » d'essai. Aussi y avons-nous renoncé et nous sommes-nous limités à faire *chaque jour le dosage de l'azote dans l'urine.* Ces dosages sont inscrits dans le tableau principal 5. Ils montrent que, du 31 décembre au 15 janvier, les vaches éliminaient dans l'urine respectivement 14 et 15 grammes d'azote par jour, soit à très peu près la même quantité que pendant la 4ᵉ période. Les vaches avaient donc reçu une ration de même teneur en azote depuis le 16 décembre, c'est-à-dire au total pendant 31 jours. L'impossibilité de former une période d'essai après la 4ᵉ période ne permit pas d'établir le bilan de l'azote du 31 décembre au 15 janvier. Mais à en juger d'après le bilan de l'azote pendant la 4ᵉ période et d'après le poids vif des vaches, qui est porté au tableau principal 11, il n'y a pas de raison pour admettre qu'elles se soient trouvées au-dessous du minimum d'azote ou, si l'on veut, qu'elles aient dû céder de l'azote de leur propre corps.

A partir de la mi-janvier, on changea les rations des vaches sèches qui reçurent alors 30 kilogr. de racines, 2ᵏᵍ,5 de foin et environ 2 kilogr. de

---

(1) Comme le montrent les tableaux I et IV, les nᵒˢ 53 et 122 reçurent aussi de ce pain pendant la 6ᵉ période.

paille; puis l'on forma une 7e période d'essai. Les chiffres concernant cette dernière sont inscrits dans les tableaux V et VI. On voit que pendant cette période, la ration renfermait 53 à 55 grammes d'azote albuminoïde en outre de 26 à 27 grammes d'azote amidé. Cette ration, dans laquelle ne figurait aucun « aliment concentré », était riche, car les deux vaches sèches fixèrent par jour dans leur corps respectivement 10 et 16 grammes d'azote. Elles se réveillèrent du même coup de l'état visible de langueur dans lequel elles se trouvaient auparavant. La quantité d'azote urinaire s'éleva alors de façon à concorder à très peu près avec l'excédent d'azote amidé de la ration. Faisons remarquer que les deux vaches sèches n'étaient pas en gestation.

III. — L'azote nitrique des racines.

L'analyse chimique des racines a été faite de la même façon que l'année précédente, comme on l'a décrit dans le 60e rapport du Laboratoire danois. En outre de la teneur en azote total et en azote amidé, on a déterminé à plusieurs reprises au cours des expériences la teneur de ces racines en *azote nitrique*. Les résultats sont inscrits dans le tableau VII.

Tableau VII. — Azote nitrique dans les racines.

DATE DES ANALYSES.	MATIÈRE SÈCHE. %	AZOTE ALBUMINOÏDE. %	AZOTE TOTAL. %	AZOTE NITRIQUE %	AZOTE NITRIQUE Pour 100 parties d'azote total.	ACIDE NITRIQUE (NO^3H) %
5 novembre 1906	12.18	0.059	0.1075	0.0149	13.86	0.067
7 janvier 1907	12.02	0.064	0.1275	0.0133	10.60	0.061
31 janvier 1907	11.57	0.067	0.1360	0.0136	10.00	0.061

On voit que de novembre à janvier, la teneur en matière sèche a diminué pendant que s'élevaient à la fois la teneur en azote total et la teneur en azote albuminoïde. Par contre, la teneur en azote nitrique a diminué, mais cependant beaucoup moins que l'année précédente (voir le tableau XIII du 60e rapport). Comme on a employé cette année des rations particulièrement fortes de racines, les quantités d'azote nitrique, consommées par les vaches chaque jour, se sont élevées jusqu'à 9 grammes. Dans la dernière colonne du tableau principal 7, on trouve les quantités d'azote nitrique consommées chaque jour par les diverses vaches dans les différentes périodes.

L'azote nitrique consommé par les vaches est compris dans les bilans azotés examinés plus haut, avec le reste de l'azote non albuminoïde de la ration. Il y a lieu de rechercher le rôle que joue cet azote nitrique dans la nutrition. C'est le moyen de savoir aussi comment on doit le faire figurer dans le bilan de l'azote.

Comme on le sait, les plantes absorbent l'acide nitrique et l'utilisent comme principe nutritif pour la formation des albuminoïdes. On n'a pas encore réussi à démontrer que les animaux puissent faire de même. Il est même probable que les animaux ne sont pas capables d'utiliser l'acide nitrique pour leur nutrition. Cette probabilité est confirmée par le fait que le salpêtre exerce une action nuisible sur l'activité du tube digestif et empêche la digestion pepsique.

Pour savoir ce que les vaches font de l'azote nitrique ingéré avec les racines, nous avons déjà, l'année dernière à Bregentved, recherché si les fèces, l'urine et le lait des vaches d'expériences en renfermaient. En aucun cas, on ne trouva trace d'azote nitrique dans les excrétions et sécrétions. On obtint le même résultat négatif avec les vaches de Rosvang qui consommaient cependant de grandes quantités de racines très riches en azote nitrique.

Au cours des 25 dernières années, un certain nombre de savants étrangers ont institué des expériences dans le but de savoir si les nitrates contenus dans la ration passaient dans le lait des vaches. Toutes ces recherches avaient donné un résultat également négatif. C'est il y a deux ans seulement que Orla Jensen, après avoir donné à des vaches 75 grammes de salpêtre par jour, constata une faible trace de nitrate dans le lait et dans l'urine, mais rien dans les fèces (1). Comme 75 grammes de salpêtre correspondent à 78 kilogr. de racines ayant une teneur en acide nitrique égale à celle indiquée au tableau VII, il est improbable qu'on puisse dans la pratique trouver trace de nitrate dans le lait, alors même que les vaches auraient consommé toute la quantité de betteraves qu'elles sont capables d'absorber.

Si l'on peut considérer comme établi que les nitrates des racines ne passent pas dans le lait et que, d'autre part, ils ne se trouvent non plus ni dans les fèces ni dans l'urine ; s'il est en outre très improbable que les vaches soient capables de les utiliser pour leur nutrition, que peuvent-ils bien devenir ? *Il est probable qu'ils sont décomposés dans le tube digestif et cela si complètement que l'azote devient libre et passe à l'état de gaz.* Pour démontrer l'exactitude de cette hypothèse, des expériences sur les vaches ne sont guère possibles ; car on trouvera, toujours, parmi les gaz intestinaux, de l'azote qui provient de l'air atmosphérique dégluti avec la nourriture. Mais certaines particularités de la *fermentation* que les aliments subissent toujours dans le tube digestif des vaches indiquent que l'acide nitrique, renfermé dans la ration, se décompose dans l'intestin en donnant de l'azote gazeux.

Par les nombreuses recherches exécutées sur l'activité et l'occurence des bactéries dénitrifiantes, c'est-à-dire capables de décomposer l'acide nitrique, il est prouvé que ces bactéries sont très répandues dans la nature. On les trouve dans la terre, l'air et sur diverses matières végétales, particulièrement sur les pailles ; également dans les fèces des chevaux, des vaches et d'autres herbivores. Les animaux doivent ingérer avec leurs aliments de grandes quantités de semblables bactéries, qui sont en pleine force vitale pendant

---

(1) Landw. Jahrbuch der Schweiz, 1904.

qu'elles traversent le corps. Plusieurs bactéries de cette sorte ont été isolées des fèces de la vache et du cheval et cultivées à l'état pur. En les faisant développer dans des solutions nutritives artificielles et en examinant leurs propriétés, on a observé que quelques-unes d'entre elles, les vraies bactéries dénitrifiantes, sont capables de décomposer complètement l'acide nitrique avec formation d'azote gazeux, pendant que d'autres espèces n'ont une action dénitrifiante qu'en collaboration avec diverses bactéries réductrices, telle que la bactérie du gros intestin (Bact. coli commune) ou d'autres analogues. Ces dernières réduisent l'acide nitrique à l'état d'acide nitreux qui est ensuite transformé en azote gazeux par les bactéries dénitrifiantes. Les deux sortes de bactéries dénitrifiantes ont besoin d'oxygène pour leur croissance et, comme elles sont presque complètement privées de l'oxygène de l'air pendant leur passage à travers le tube digestif, elles couvrent leur besoin d'oxygène en décomposant l'acide nitrique en l'acide nitreux. Hjalmar Jensen a expérimentalement démontré que des bactéries dénitrifiantes, incapables de se développer dans du bouillon ordinaire sans accès d'oxygène libre, se multiplient étonnamment vite dans des solutions nutritives renfermant des nitrates, quand on les y cultive à l'abri de l'oxygène. En l'espace de 40 à 45 heures, tout le nitrate était complètement décomposé (1). Dans un bouillon contenant 0,30 % de nitrate de soude, tout le nitrate était décomposé au bout de quelques jours, quand on y cultivait des bactéries dénitrifiantes à la température de 30°. Dans ses essais avec des cultures pures d'une espèce déterminée de telles bactéries (Bac. Hartlebi), Paul Salzmann (2) a trouvé que, dans une solution nutritive à 25°, cette bactérie pouvait décomposer 0,10 % de nitrate de potasse en 24 heures. En répétant l'essai pendant 6 jours et ajoutant chaque jour 0,10 % de nitrate, il a montré que 98 % de l'azote du nitrate ajouté passait à l'état libre. Des expériences, faites en Danemark par Aug. Krogh, ont prouvé que, si l'on ajoute du nitrate au contenu intestinal des vaches et qu'on abandonne le mélange à la fermentation à 37°, par conséquent à la température du corps, on peut trouver au bout de peu de temps plus de la moitié de l'azote de l'acide nitrique à l'état libre (3). Krogh ajoute la remarque qu'il a quelque raison d'admettre que l'acide nitrique, même s'il est peut-être en partie absorbé dans le corps de la vache, est de nouveau excrété dans l'intestin et en fin de compte complètement détruit par les bactéries.

La quantité maxima d'azote nitrique que nos vaches d'expérience ont absorbée avec les racines à Bregentved s'est élevée entre 8 et 9 grammes par jour. Ce qui correspond à 48 à 55 grammes de nitrate de soude ou 55 à 65 grammes de nitrate de potasse. Pour une quantité journalière de fèces de 30 kil. par jour, le poids de nitrate de potasse ainsi calculé ferait 0,19 à 0,22 %. C'est à peu près le double de ce qui s'est décomposé en 24 heures à 25° dans les essais de Salzmann avec des cultures pures de Bac. Hartlebi.

Si l'on songe que Salzmann utilisait un milieu de culture artificielle et

---

(1) Centralblatt für Bakteriologie and Parasiten kunde. Bd. IV, 1898.

(2) Chemisch-physiologische Untersuchungen über die Lebensbedingungen von zwei Arten von denitrificierenden Bakterien. Königsberg, 1902.

(3) Communiqué en annonçant la publication du 60ᵉ rapport du Laboratoire danois dans le « Berlingske Tidende » du 13 avril 1907.

faisait fermenter ses cultures à une température inférieure de 12° à celle qui
est la plus favorable au développement des bactéries dénitrifiantes, il est raisonnable d'admettre que, dans les conditions qui règnent dans le tube digestif de la vache, une plus forte proportion de nitrate y peut être décomposée.
B. Burri et A. Stutzer, qui ont entrepris des recherches détaillées sur les
bactéries dénitrifiantes, indiquent que le bouillon additionné de 0,32 %
de nitrate convient admirablement à la culture de ces bactéries.

Nous avons institué quelques recherches au Laboratoire afin de préciser
nos connaissances et de savoir combien il faut de temps pour que l'acide
nitrique soit complètement décomposé dans le contenu de l'intestin des vaches.
Dans ce but nous avons utilisé le contenu du gros intestin et de l'intestin
grêle de deux vaches. Ce contenu était prélevé immédiatement après l'abat-
tage des animaux. Dans les deux cas le contenu de l'intestin fut additionné de
nitrate de potasse de façon qu'il en renfermât de 0,2 à 0,4 %. L'azote
fut dosé dans le contenu primitif et dans le contenu nitraté. La différence
ainsi trouvée entre les quantités d'azote indiquait par conséquent l'azote appartenant au nitrate ajouté. Les échantillons furent placés dans un verre muni
d'un couvercle et mis au thermostat à 37°. On y dosa l'azote au bout de 1,
2, 3 et 7 jours.

Les quantités d'azote trouvées sont inscrites dans le tableau VIII qui
indique aussi les pertes % d'azote total et d'azote nitrique.

TABLEAU

Tableau VIII. — Perte d'azote nitrique dans le contenu intestinal des vaches.

| DOSAGES. | EXPÉRIENCE N° 1. | | | | | | EXPÉRIENCE N° 2. | | | | | | MOYENNE DES DEUX expériences |
| | AZOTE TOTAL DANS le contenu intestinal. | | AZOTE | PERTE D'AZOTE. | | | AZOTE TOTAL DANS le contenu intestinal. | | AZOTE | PERTE D'AZOTE. | | | Perte d'azote pour cent de l'azote nitrique. |
	sans nitrate. %	avec nitrate. %	nitrique. %	au total. %	Pour cent de l'azote total.	Pour cent de l'azote nitrique.	sans nitrate. %	avec nitrate. %	nitrique. %	au total. %	Pour cent de l'azote total.	Pour cent de l'azote nitrique.	
	Contenu du gros intestin												
	1	2	3	4	5	6	7	8	9	10	11	12	13
Au début..................	0.187	0.238	0.051	»	»	»	0.083	0.235	0.052	»	»	»	»
Après 24 heures..............	»	0.236	0.049	0.002	0.84	3.92	»	0.231	0.018	0.004	1.70	7.69	5.80
Après 2 jours...... ...	»	0.198	0.011	0.040	16.80	78.43	»	0.207	0.024	0.024	11.91	53.85	66.14
Après 3 jours...........	»	0.183	0	0.055	23.11	107.84	»	0.180	0	0.055	23.40	105.77	106.80
Après 7 jours.............	»	0.184	0	0.054	22.69	105.88	»	0.173	0	0.052	26.38	119.23	112.55
	Contenu de l'intestin grêle												
Au début..................	0.389	0.432	0.043	»	»	»	0.211	0.305	0.064	»	»	»	»
Après 3 jours..............	»	0.426	0.037	0.006	1.39	13.95	»	»	»	»	»	»	»
Après 7 jours...........	»	0.424	0.035	0.008	1.83	18.60	0.217	0.249	0.008	0.056	18.36	87.50	»

La partie supérieure du tableau VIII concerne les résultats des expériences sur le *contenu de l'intestin grêle*. En parcourant de haut en bas les chiffres des colonnes 6 et 12, on voit que dans les deux expériences ils vont en croissant de jour en jour. Au bout de deux périodes de 24 heures, la perte s'élevait respectivement à 78 et 54 % de l'azote nitrique primitivement ajouté. Au bout de 3 jours, la perte est si forte qu'une partie de l'azote des autres composés azotés du contenu intestinal a dû disparaître. Nous abandonnâmes les échantillons dans le thermostat à 37° pendant quatre jours encore pour voir jusqu'où irait la perte ultérieure d'azote. Les chiffres montrent que dans l'expérience n° 1, il n'y a pas eu de perte ultérieure d'azote, que par contre il s'en est produit une dans la deuxième expérience.

Des expériences sur le contenu de l'intestin grêle résulte que dans l'expérience 1, il n'y a pas eu de perte d'azote pendant les deux premiers jours. Au bout de 3 jours, la perte s'élevait à 14 % à peine de l'azote nitrique ajouté. Au bout de 7 jours, la perte avait encore augmenté de 4 % au moins. Dans l'expérience 2, le contenu de l'intestin grêle ne fut analysé qu'au bout de 7 jours. Il s'était produit une très forte perte d'azote s'élevant à 87,5 % de l'azote nitrique ajouté. Cette grande différence entre le résultat des deux expériences sur le contenu de l'intestin grêle doit certainement être attribuée à la circonstance suivante. Le contenu intestinal utilisé pour l'expérience 1 était très fluide, tandis que celui employé pour l'expérience 2 avait une consistance analogue à celle du contenu du gros intestin. Le contenu de l'expérience 2 a donc été prélevé dans une partie de l'intestin grêle placée plus près du gros intestin.

On peut certainement conclure de là : 1° qu'il ne se produit pas de dénitrification notable de l'acide nitrique dans l'intestin grêle, mais que ce phénomène a lieu principalement dans le gros intestin ; 2° *que la totalité de l'azote nitrique s'échappe sous forme d'azote gazeux.*

Si l'on veut maintenant appliquer au bilan de l'azote les considérations qui viennent d'être exposées sur le sort de l'azote nitrique, il est nécessaire d'apporter quelques modifications aux bilans azotés qui ont été établis plus haut. L'azote nitrique doit en effet être regardé comme n'intervenant pas dans la nutrition azotée des vaches ; il faut le retrancher de l'azote total de la ration. Dans la dernière colonne du tableau principal 7, on trouve le nombre de grammes d'azote nitrique contenu dans les racines. Si l'on retranche ce nombre des chiffres de la colonne 1, il faut le soustraire également de ceux des colonnes 5, 9, 11 et 13 et l'ajouter à ceux de la colonne 10. Mais pendant que les chiffres des colonnes 5 (et 9) deviennent ainsi moindres, les limites montent d'autant pour le minimum d'azote. Toutefois, comme il y a eu au plus 9 grammes d'azote nitrique dans la ration et a l'ordinaire seulement 4 à 6 grammes, cela n'a qu'une influence relativement faible sur la position de ces limites. La chose a d'autant moins d'importance que, dans la pratique, on ne descendra pas jusqu'à ces limites et même qu'on devra se garder de le faire, comme on l'a dit avec insistance dans le 60° rapport.

Par contre la modification du bilan à laquelle il est fait allusion a une importance essentielle en ce qui concerne la question de l'utilisation des amides par les vaches ; car la quantité d'azote amidé se trouve diminuée d'un nombre de grammes égal à celui de l'azote nitrique dans la ration.

Dans le tableau IX sont rassemblées pour les vaches n°ˢ 68 et 125 toutes

Tableau IX. — Bilan de l'azote, déduction faite de l'azote nitrique.

VACHE Nº 68 (d'après le tableau II).	PÉRIODE 3. AZOTE		PÉRIODE 4. AZOTE		PÉRIODE 5. AZOTE		PÉRIODE 6. AZOTE	
	albuminoïde.	amidé.	albuminoïde.	amidé.	albuminoïde.	amidé.	albuminoïde.	amidé.
Dans les fèces...................	82^{gr}	12^{gr}	71^{gr}	7^{gr}	73^{gr}	3^{gr}	85^{gr}	5^{gr}
Dans le lait...................	65	0	59	0	58	0	59	0
Somme...................	147	12	130	7	131	3	144	5
Dans la ration...................	139	38	104	39	103	38	138	39
Excédent...................	— 8	26	—26	32	—28	35	— 6	34
Gagné ou perdu (—) par le corps...................	—16	0	—26	0	—23	0	— 4	0
Reste en excédent...................	8	26	0	32	— 5	35	— 2	34
Dans l'urine...................	31		32		30		32	

VACHE Nº 125 (d'après le tableau III).	PÉRIODE 4. AZOTE		PÉRIODE 5. AZOTE		PÉRIODE 6. AZOTE		PÉRIODE 7. AZOTE	
	albuminoïde.	amidé.	albuminoïde.	amidé.	albuminoïde.	amidé.	albuminoïde.	amidé.
Dans les fèces...................	93^{gr}	9^{gr}	93^{gr}	6^{gr}	92^{gr}	10^{gr}	85^{gr}	10^{gr}
Dans le lait...................	83	0	83	0	79	0	79	0
Somme...................	176	9	176	6	171	10	164	10
Dans la ration...................	162	46	162	45	179	46	177	45
Excédent...................	—14	37	—14	39	8	36	13	35
Gagné ou perdu (—) par le corps...................	—17	0	—12	0	4	0	7	0
Reste en excédent...................	3	37	— 2	39	4	36	6	35
Dans l'urine...................	40		37		40		41	

les périodes d'essai où il y avait en apparence transformation d'azote amidé en azote albuminoïde. Cette fois le bilan est établi en tenant compte de l'azote nitrique contenu dans la ration.

En comparant les bilans du tableau IX avec ceux des tableaux II et III, on voit que le bilan de l'azote albuminoïde est le même aux deux endroits. Mais dans *les cas où il y avait un déficit d'azote albuminoïde dans les rations par rapport à la quantité d'azote passant dans les fèces et dans le lait, le déficit est couvert entièrement par un appoint d'azote cédé par l'organisme.* En ce qui concerne le cas particulier, plus haut décrit, de la vache n° 68 pendant la 6ᵉ période, où l'animal avait en apparence fixé de l'azote dans son corps, bien qu'il y eût un déficit d'azote albuminoïde dans la ration, on voit maintenant que l'azote nitrique disparaissant du bilan, la vache se trouve au-dessous du minimum et qu'elle remplace l'azote manquant en fournissant de l'azote de son propre corps.

Les choses se passeraient de même dans tous les cas du tableau XI du 60ᵉ rapport, où il y a eu formation apparente d'albuminoïdes au dépens des amides. Tous ces cas disparaissent, quand on fait comme ci-dessus entrer l'azote nitrique en ligne de compte. L'appoint d'azote fourni par le corps devient un peu plus grand que le déficit à couvrir, et il en est de même pour la vache n° 53 dans le tableau I. Il n'y a plus que trois endroits du tableau IX où l'on trouve un chiffre négatif pour le « reste en excédent ». Mais, d'une part, ces chiffres sont faibles et, d'autre part, il ne faut pas oublier, d'après ce qu'on a constaté antérieurement, que la quantité d'azote perdue sous forme gazeuse dans l'intestin des vaches peut être supérieure à l'azote nitrique. Mais, alors même qu'on voudrait prendre les chiffres tels qu'ils sont et en conclure que les vaches dans certaines circonstances peuvent utiliser les amides pour fabriquer des albuminoïdes, *ce phénomène ne se produirait en tout cas jamais sans un appoint simultané et notablement plus grand d'azote de la part de l'organisme.* Il faudrait donc se garder dans la pratique de viser un tel résultat qui nuirait à un haut degré au rendement laitier des vaches.

IV. — L'azote urinaire.

Les résultats des essais décrits dans le présent rapport comme dans le 60ᵉ montrent que, si sans faire intervenir d'idées préconçues sur l'utilisation de l'azote, on compare les chiffres directement trouvés par l'expérience pour l'azote albuminoïde dans la ration et dans les excrétions des vaches, on constate que l'azote albuminoïde de la ration concorde pour ainsi dire complètement avec la somme d'azote albuminoïde dans les excrétions, toutes les fois que la ration est riche en principes nutritifs et renferme une forte quantité d'azote amidé.

Ce fait est mis en lumière dans le tableau X. On y a rassemblé toutes les périodes où, dans les présentes expériences, la ration contenait un fort excédent d'azote amidé, mais un déficit d'azote albuminoïde vis-à-vis des quantités de cet azote passant dans les fèces et le lait.

Tableau X. — Périodes avec déficit d'azote albuminoïde et fort excédent d'azote amidé dans la ration.

VACHE Nᵒ.	PÉRIODE Nᵒ.	DÉFICIT D'AZOTE ALBUMINOÏDE dans la ration vis-à-vis des fèces et du lait.	AZOTE CÉDÉ PAR l'organisme.	EXCÉDENT D'AZOTE AMIDÉ dans la ration.	AZOTE DANS L'URINE.
		gr	gr	gr	gr
68	3	8	16	36	34
	4	26	26	32	32
	5	28	23	35	30
	6	6	4	34	32
125	4	14	17	37	40
	5	14	12	39	37
Moyenne.............		16	16	34	34

D'après les deux premières colonnes du tableau X, *lorsqu'il existe un déficit d'azote albuminoïde dans la ration par rapport aux quantités de cet azote qui passent dans les fèces et dans le lait, ce déficit est précisément couvert par un appoint d'azote emprunté à l'organisme.* Ce ne sont pas seulement les chiffres moyens qui concordent. On voit que, d'un bout à l'autre, il existe une bonne concordance dans les chiffres des périodes considérées isolément.

Les deux dernières colonnes du tableau X font ressortir un autre point. C'est que l'*excédent d'azote amidé dans la ration*, tel qu'on l'obtient après avoir retranché l'azote nitrique (voir tableau IX), *couvre précisément la quantité d'azote urinaire.* La concordance est par conséquent complète ; il en serait à très peu de même pour les périodes du tableau XI du 60ᵉ rapport, où l'azote amidé a été en apparence utilisé comme azote albuminoïde.

Par contre il n'y a pas concordance quand la ration renferme seulement une *petite quantité* d'azote amidé.

C'est ce que montre mieux le tableau XI. En utilisant les tableaux IV et VI, on y a rassemblé les périodes où il y avait un déficit d'azote albuminoïde et seulement une petite quantité d'azote amidé dans la ration.

TABLEAU

Tableau XI. — Périodes avec déficit d'azote albuminoïde et seulement peu d'azote amidé dans la ration.

VACHE N°.	PÉRIODE N°.	DÉFICIT D'AZOTE ALBUMINOÏDE dans la ration vis-à-vis des fèces et du lait.	AZOTE CÉDÉ PAR l'organisme.	EXCÉDENT D'AZOTE AMIDÉ dans la ration.	AZOTE DANS L'URINE.
122	4	5^{gr}	13^{gr}	10^{gr}	18^{gr}
	5	0	10	8	18
	6	1	9	9	17
134	2	2	15	2	15
	3	4	18	2	16
Moyenne..............		2	13	6	17

On voit que l'organisme cède dans tous les cas une quantité d'azote *supérieure* à celle qui correspond au déficit d'azote albuminoïde et qu'en même temps l'azote urinaire l'emporte sur l'excédent d'azote amidé de la ration. Avec ce résultat concordent les périodes, se rapportant aux vaches 117 et 134, où l'on constate un excédent d'azote albuminoïde, mais où les vaches cèdent néanmoins de l'azote de leur propre corps (voir tableaux V et VI).

Les faits mis en lumière dans les tableaux X et XI indiquent que les vaches ont un besoin d'azote « spécial », en dehors de celui qui correspond à l'élimination d'azote dans les fèces et dans le lait (et éventuellement au dépôt d'azote dans le corps). Ils montrent aussi que ce besoin « spécial » d'azote peut être couvert par de l'azote amidé quand celui-ci est présent, mais que, dans le cas contraire, ce besoin « spécial » d'azote provoque une dépense d'azote albuminoïde.

Les expériences ont toutefois montré très nettement que l'azote amidé ne peut couvrir les besoins directs d'azote albuminoïde, tels que ceux qui proviennent du passage des albuminoïdes dans les fèces et le lait. N'a-t-on pas vu en effet que, en cas de déficit d'azote albuminoïde résultant des fèces et du lait, l'organisme est obligé de couvrir ce déficit, même en présence d'une grande quantité d'azote amidé (Voir par exemple le tableau X) ? Il semble dès lors qu'on ait le droit de conclure que la fonction inconnue, à laquelle correspond le besoin « spécial » d'azote indiqué tout à l'heure, doit être d'*une autre sorte* que les fonctions qui exigent de l'azote albuminoïde provenant de la ration ou de l'organisme des vaches.

On pourrait être enclin à penser que cette fonction « inconnue » est l'ancienne fonction « bien connue » qu'on désigne par le mot : « entretien ». L'ancienne fonction concerne l'assimilation et la désassimilation, qui se produiraient non seulement quand les parties constituantes du corps augmentent sous l'effet d'une alimentation riche ou diminuent sous l'effet d'une alimentation pauvre, mais encore quand l'organisme se trouve en équilibre normal. Cette assimilation et cette désassimilation pourraient s'exprimer en kilogrammes de viande par jour (1). L'azote qui forme les tissus du corps étant de l'azote albuminoïde, on en arrive à cette déduction remarquable que l'azote amidé devrait pouvoir servir à édifier ces tissus alors qu'il ne peut être utilisé pour les autres fonctions qui réclament de l'azote albuminoïde. On se demanderait pourquoi les vaches n⁰ˢ 68 et 125 dans le tableau X ont couvert le déficit de 16 grammes de l'azote albuminoïde en empruntant de l'azote à leur propre corps et non pas en utilisant dans ce but l'azote amidé ? La provision disponible de ce dernier n'était pas inférieure à 34 grammes. Alors même que les vaches auraient prélevé 16 grammes d'azote amidé pour éviter ainsi la perte d'azote de la part de l'organisme, il en serait encore resté 34 — 16 = 18 grammes pour l'urine. Or, on a vu que les vaches n⁰ˢ 112, 117 et 134 pouvaient très bien se contenter de cette quantité d'azote urinaire. Les n⁰ˢ 117 et 134, pendant la 4ᵉ période, ont même pu se contenter respectivement de 14 et de 15 grammes d'azote urinaire et, en outre, avoir un reste d'azote à fixer dans leur organisme !

La notion « d'entretien », au vieux sens du mot, ne suffit donc pas ici comme explication. Nous allons maintenant essayer de formuler une autre explication des phénomènes.

Les reins ont pour rôle d'éliminer de l'organisme divers produits de désassimilation qui proviennent des mutations nutritives. Admettons, pour être brefs, que l'urine renferme seulement deux choses en solution aqueuse : des sels et de l'urée ; nous pouvons, pour le raisonnement, faire abstraction des autres substances. Comme il y a normalement toujours à la fois des sels et de l'urée à éliminer de l'organisme, les reins sont disposés de façon à sécréter un produit, l'urine, qui toujours renferme ces deux sortes de composés. Il peut y avoir tantôt relativement plus de l'une, tantôt plus de l'autre, mais les deux sont toujours présentes. La fonction des glandes rénales peut être comparée ici avec celle des glandes mammaires. Ces dernières sécrètent le lait qui renferme toujours à la fois des matières grasses et des matières albuminoïdes. Il peut y avoir relativement tantôt plus, tantôt moins de l'un ou de l'autre de ces groupes de substances ; mais les deux groupes sont toujours présents et il est impossible à la glande mammaire de sécréter du lait dans lequel l'un d'eux ferait défaut.

Si l'on imagine une ration composée de telle sorte qu'il n'y ait rien à éliminer en fait d'azote, il y aura néanmoins toujours des sels à éliminer et par conséquent les reins devront fonctionner. Mais cela ne peut se faire que s'ils sécrètent de l'urine, laquelle doit par suite contenir de l'azote. Autrement dit, on peut parler d'un « azote rénal » comme on parle d'un « azote intestinal ». Mais tandis que ce dernier est de l'azote albuminoïde, « l'azote rénal » paraît sous forme d'urée, et celle-ci peut naturellement être secrétée à l'aide de l'azote amidé de la ration. Par ailleurs, si l'azote amidé fait défaut dans la ration, l'azote urinaire doit être emprunté aux albuminoïdes. S'il y a égale-

---

(1) Les 350 grammes d'albuminoïdes (correspondant à 56 grammes d'azote albuminoïde), dont il a été si souvent question et qui chaque jour seraient nécessaires pour « l'entretien », correspondraient à 1ᵏᵍ,75 de « viande » désassimilée et reformée à nouveau chaque jour. Et, quand bien même on réduirait cette quantité d'albuminoïdes à la moitié d'après les essais de l'année dernière et au quart d'après les essais de cette année, ces quantités réduites correspondraient encore respectivement à environ 1 kilogr. et 1/2 kilogr. de viande par jour.

ment déficit de ces albuminoïdes, l'azote de l'urine doit être formé aux dépens de celui qui est emmagasiné dans l'organisme.

Ce qu'on a appelé plus haut « azote d'entretien » doit être par conséquent considéré comme de « l'azote rénal ».

D'après nos expériences, on ne peut compter sur l'azote amidé de la ration pour la formation des albuminoïdes qui, entre autres, passent dans les fèces et dans le lait, mais cet azote amidé peut servir à épargner des albuminoïdes en fournissant la matière première nécessaire pour la sécrétion de l'azote urinaire. Si l'on donne aux vaches une ration très riche en racines, celle-ci renfermera toujours suffisamment d'azote amidé pour la formation de l'azote urinaire. L'organisme disposera librement de l'azote albuminoïde en vue des fonctions pour lesquels il est indispensable et l'on pourra calculer les rations sur cette base. C'est un sujet sur lequel nous reviendrons plus tard.

L'épargne d'azote albuminoïde, à laquelle sert l'azote amidé, peut être comparée à celle qu'on obtient grâce aux principes non azotés, comme on l'a expliqué plus haut pour la vache n° 24 des expériences de 1905-1906.

C'étaient les racines qui se chargeaient de faire face à certaines fonctions qui ne réclament pas d'azote, mais qui autrement auraient provoqué une désassimilation d'albuminoïdes. C'est de la même façon que les amides peuvent se charger de couvrir « l'azote rénal », qui autrement serait emprunté aux albuminoïdes. Mais, lorsqu'il s'agit de fonctions qui exigent réellement de l'azote albuminoïde, lorsqu'il s'agit par conséquent de la production des fèces, du lait et des tissus de l'organisme, l'azote albuminoïde nécessaire ne peut trouver sa source dans les amides.

L'explication présentée ici n'est, bien entendu, que purement hypothétique; mais elle cadre bien avec les observations faites au cours des expériences. Alors même qu'elle ne résisterait pas à l'épreuve d'expériences ultérieures, il n'en résulterait aucun changement au point de vue des conséquences pratiques. Il faudrait dire alors que l'azote amidé peut couvrir les besoins des vaches en ce qui concerne l'azote nécessaire pour l'entretien; mais il n'en faudrait pas moins que l'azote albuminoïde fût également présent dans la mesure où il est requis pour les fèces et le lait. Ce dernier point est directement prouvé par nos expériences. Par conséquent les choses resteraient les mêmes en pratique; c'est seulement « l'explication » qui changerait.

D'après les chiffres du tableau X, il semble que les vaches n'aient pas consommé du tout d'azote pour l'entretien de leur corps au sens propre du mot (voir page 34). Ce serait cependant aller trop loin que de tirer cette conclusion de nos expériences. Il faut se rappeler que le bilan du tableau X a été obtenu en supposant que *tout* l'azote nitrique, mais l'azote nitrique *seulement*, a disparu sous forme gazeuse dans l'intestin des vaches. Or, on n'est nullement certain qu'il en soit bien ainsi. On ne sait pas non plus si les vaches, à la suite des actions auxquelles les aliments sont soumis dans le tube digestif, tracent la limite entre l'azote albuminoïde et « l'azote amidé » de la même façon que l'analyse chimique exécutée suivant la méthode de Stutzer. En outre, si l'on dispose, de la même façon que dans le tableau X, les chiffres de toutes les périodes d'essai (tant celles du 63° que du 60° rapport), on constate qu'en général l'azote cédé par l'organisme est un *peu plus élevé* que le déficit d'azote albuminoïde dans la ration. Il est donc probable, d'après nos expériences mêmes, qu'une petite quantité d'azote est requise pour l'entretien proprement dit de l'organisme. Il est d'ailleurs très vraisemblable d'admettre qu'il en est bien ainsi dans la réalité. Mais, encore une fois, il ne peut s'agir là que de quantités peu importantes, dépassant à peine « quelques grammes par jour » (Cf. 60ᵉ rapport, p. 103). En tout cas, il n'est pas nécessaire dans la pratique d'avoir égard à la notion « d'azote d'entretien », pourvu que la ration renferme une forte quantité de racines.

V. — L'azote amidé des fourrages verts.

La question qui concerne l'importance des amides pour les vaches laitières est, comme on le sait, très discutée. Parmi les raisons invoquées pour établir que les amides ont « la valeur des albuminoïdes », se trouve le fait que dans la règle le rendement des vaches est notablement augmenté quand elles passent de la nourriture d'hiver à l'alimentation par les fourrages verts, en particulier par le trèfle, les fourrages verts étant en effet généralement riches en amides. On peut éclairer ce point en se basant sur les chiffres des expériences de Bregentved, décrites dans le 60ᵉ rapport; les vaches, pendant la dernière période, consommaient justement des fourrages verts.

Comparons d'abord les analyses des aliments. On trouve environ les teneurs centésimales suivantes :

	Albuminoïdes Az × 6,25. %	Amides Az × 6,25. %	Total %
Dans le tourteau de coton........	40,0	1,7	41,7
Dans les racines.................	0,4	0,4	0,8
Dans le foin....................	5,4	0,7	6,1
Dans la paille......	3,2	0,4	3,6
Dans le trèfle en vert...........	2,9	0,6	3,5

Une comparaison directe de ces chiffres montre que le trèfle en vert a une teneur en albuminoïdes moindre que la paille. Même en tenant compte bien entendu de la digestibilité de ces albuminoïdes, on a été enclin à penser que si, en quittant une nourriture d'hiver qui renferme un aliment aussi riche en albuminoïdes que le tourteau de coton, pour passer à une alimentation aux fourrages verts dont la teneur en azote est à peu près égale à celle de la paille, les vaches donnent plus de lait, la cause en devait tenir aux amides.

Toutefois, pour avoir une véritable base de comparaison, il faut compter avec la teneur, centésimale en albuminoïdes et en azote dans *la ration entière*. Partons des trois mélanges d'aliments qui suivent et que, pour être brefs, nous désignerons par A, B, C :

A............. 2ᵏᵍ,5 tourteau de coton, 30 kg. racines, 2ᵏᵍ,5 foin, 5 kg. paille,
B............. 1,25 — — , 45 — , 2,5 — , 5 —
C............. 60 trèfle en vert

La teneur centésimale en albuminoïdes et en amides est à peu près la suivante :

	Albuminoïdes.	Amides.	Total.
	%	%	%
A......................	3,55	0,50	4,05
B.......	1,84	0,44	2,28
C......................	2,88	0,59	3,47

On voit que la ration au trèfle, dont la teneur en azote est inférieure à celle de la paille, se place entre les deux autres au point de vue de la richesse en albuminoïdes.

Il ne faut pas oublier, toutefois, que les analyses des différents aliments concernent l'aliment *dans sa totalité*, y compris *la teneur en eau*. Mais comme cette dernière a été non seulement très différente, mais encore a déterminé une consommation très variable d'eau de boisson, il est nécessaire de calculer la teneur centésimale en principes nutritifs dans la *ration entière*, y compris l'eau de boisson.

En opérant ainsi, voici ce que l'on obtient :

	Eau de boisson.	Albuminoïdes.	Amides.	Total.
		%	%	%
Ration A............	20 kg.	2,37	0,33	2,70
Ration B............	10	1,55	0,37	1,92
Ration C............	4	2,70	0,55	3,25

Il en résulte que le trèfle en vert est le plus riche non seulement en amides mais aussi en albuminoïdes.

Toutes ces comparaisons ne sont cependant pas démonstratives et nous les avons faites uniquement pour faire voir combien il faut être prudent, quand on veut apprécier une ration d'après la composition centésimale des aliments qui la composent. Ce qui importe en réalité, c'est évidemment la *quantité absolue* des principes nutritifs consommés par les vaches. Ces quantités absolues sont les suivantes :

	Azote		
	Albuminoïde.	Amidé.	Total.
Ration A....................	227 gr.	32 gr.	259 gr.
Ration B....................	158	38	196
Ration C....................	277	57	334
Différence C-A............	50	25	75
Différence C-B............	119	19	138

On voit que la *quantité d'azote albuminoïde consommé par les vaches est beaucoup plus grande quand elles reçoivent du trèfle en vert*. Il faudrait ajouter à la ration A environ 3/4 de kilo de tourteau de coton pour la rendre aussi riche en azote albuminoïde que la ration C.

Quand les vaches passent de la ration A à la ration de trèfle en vert, la quantité d'azote amidé monte bien de 25 grammes, mais en même temps la quantité d'azote albuminoïde s'élève de 50 grammes. Si les vaches passent de la ration B à la ration de trèfle, l'azote amidé augmente de 25 grammes, mais en même temps l'azote albuminoïde croît six fois plus, notamment de 119 grammes.

Il n'y a donc aucune raison de chercher dans l'élévation du taux des amides la cause de l'augmentation du rendement en lait, puisqu'on a une explication beaucoup plus simple dans l'élévation du taux des albuminoïdes.

D'après le 60ᵉ rapport (p. 98), les vaches nourries de trèfle en vert avaient 114 grammes d'azote albuminoïde en sus de ce qu'elles faisaient passer dans les fèces et le lait et de ce qu'elles emmagasinaient dans leur corps. Cet excédent d'azote albuminoïde était transformé chaque jour en azote urinaire pour être excrété avec l'urine.

Ceci offre un nouveau point de vue pour la question des amides. Il résulte de l'exposé qui précède que les vaches, nourries avec les aliments que la nature leur destine, c'est-à-dire avec des *fourrages verts en forte quantité*, reçoivent toujours beaucoup plus d'albuminoïdes qu'elles n'en exigent. En outre, il a été antérieurement prouvé (particulièrement dans le 60ᵉ rapport) que, *si la ration est faible*, les vaches règlent leurs mutations nutritives de façon à toujours avoir un « excédent » d'albuminoïdes. Soumis à leurs conditions naturelles d'existence, ces animaux *n'auraient jamais besoin* de la faculté de transformer en albuminoïdes les amides des plantes, alors même qu'elles seraient en possession d'une telle faculté. Il est par suite extrêmement improbable que cette dernière leur ait été octroyée par la nature.

VI. — Déterminations calorimétriques.

Depuis quelques années on a, à l'étranger et dans une mesure constamment croissante, entrepris des *déterminations calorimétriques* à propos des expériences d'alimentation. Dans les trois dernières années, nous avons procédé de même au Laboratoire.

Pour déterminer la chaleur de combustion des aliments, des fèces, de l'urine et du lait, on a utilisé un calorimètre de Berthelot, pourvu d'une bombe construite d'après Mahler avec la modification de Krocker, qui permet de doser non seulement la quantité de chaleur produite pendant la combustion, mais aussi la quantité formée d'acide carbonique et de vapeur d'eau (1).

Le mode de préparation de la substance destinée à la détermination calorimétrique dépend de sa nature. Les aliments, à l'exception des betteraves et des pulpes, sont employés à l'état de dessiccation où on les trouve. A l'aide d'une presse, l'aliment finement moulu est comprimé en une petite briquette d'environ 1 gramme, dans laquelle on insère le petit morceau de fil de fer utilisé pour l'allumage. Les fèces sont desséchées de la même façon que les racines et les pulpes, puis moulues finement et comprimées en briquettes. La chaleur de combustion trouvée pour la matière sèche des fèces est ensuite calculée pour la quantité totale de fèces. Le mode de préparation du lait et de l'urine pour les déterminations calorimétriques est par contre tout différent. Une certaine quantité de liquide est absorbée sur un petit cylindre de papier filtre desséché dont le poids et la chaleur de combustion sont connus.

---

(1) Suit une description du calorimètre. Nous n'avons pas reproduit cette description qui exige une figure. Il s'agit là d'ailleurs d'un appareil classique. (N. du T.)

Après pesage et dessiccation, on opère la combustion du cylindre de papier dans le calorimètre. Les déterminations calorimétriques, exécutées à propos des expériences de 1905-06, ont été faites en double. On constata que les différences entre les doubles déterminations étaient toujours relativement faibles. Pour 57 cas, elles n'ont été que 9 fois supérieures à 20 calories et la différence maxima observée a été de 49 calories, soit peu supérieure à 1 °/₀ de la quantité totale de calories.

Dans les expériences de l'hiver 1906-07, on s'est contenté de déterminations uniques. Comme la composition chimique des échantillons de lait de ces expériences était connue par les analyses chimiques, il y avait un réel intérêt à rechercher jusqu'à quel point la teneur en calories de ces échantillons concordait avec celle calculée d'après la chaleur de combustion de la caséine, de la matière grasse du lait et du lactose. Dans les échantillons de lait traités cette année, on n'a pas fait de dosage direct du lactose, mais seulement des dosages du lactose et des cendres pris ensemble. Mais la quantité des cendres ne varie jamais beaucoup dans le lait et nous savions, par les recherches de l'année dernière, que la quantité de cendres dans le lait des vaches d'expérience était toujours voisine de 0,75 °/₀. Ce chiffre, qui concorde avec tous ceux trouvés dans nos autres essais, peut, sans erreur sensible, être utilisé pour calculer la teneur en lactose du lait fourni par les vaches pendant l'hiver dernier. D'après les chaleurs de combustion trouvées jadis par Stohmann pour diverses substances organiques, 1 gramme de caséine du lait fournit 5858 calories, 1 gramme de matières grasses du lait 9231 calories et 1 gramme de lactose cristallisé 3737 calories. Nous utilisons pour le calcul la chaleur de combustion du lactose cristallisé et non du lactose anhydre ; lors de la rapide dessiccation de petits échantillons de lait, c'est en effet du lactose cristallisé qui reste dans la matière sèche.

Dans le tableau XII sont indiquées les chaleurs de combustion de 1 gramme de lait trouvées directement par combustion sur du papier filtre, à côté des chaleurs de combustion calculées d'après le mode décrit à l'instant.

Tableau XII. — Calories dans 1 gramme de lait.

VACHE N°.	PÉRIODE N°.	PETITES CALORIES TROUVÉES		DIFFÉRENCE	
		PAR LA combustion.	PAR LE CALCUL.	CALORIES.	%
53	1	567	607	40	7
	2	581	596	15	3
	3	571	584	13	2
	4	631	622	9	1
	5	610	622	12	2
	6	604	611	7	1
	7	615	648	33	5
68	1	673	679	6	1
	2	609	635	26	4
	3	603	618	15	2
	4	651	637	14	2
	5	642	616	26	4
	6	666	657	9	1
	7	651	664	13	2
125	3	638	654	16	3
	4	647	628	19	3
	5	639	646	7	1
	6	674	668	6	1
	7	688	680	8	1
122	1	630	648	18	3
	2	622	644	22	4
	3	590	594	4	1
	4	703	628	75	11
	5	647	636	11	2
	6	515	510	5	1
	7	594	615	21	4
Moyenne..............		625	629	17	3

Il résulte des chiffres du tableau XII que la chaleur de combustion calculée est, dans 16 cas sur 26, un peu plus grande que celle trouvée directement ; dans les 10 autres cas, elle est moindre. Exprimée en %, la différence
à été :

$$
\begin{array}{cccc}
\text{Dans} & 9 & \text{cas de} & 1 \ \% \\
— & 6 & — & 2 \ \% \\
— & 4 & — & 3 \ \% \\
— & 4 & — & 4 \ \% \\
— & 1 & — & 5 \ \% \\
— & 1 & — & 7 \ \% \\
— & 1 & — & 11 \ \% \\
\end{array}
$$

La différence moyenne est, d'après cela, de 3 % environ.

La différence moyenne de toutes les déterminations est par ailleurs inférieure à 1 %. On peut donc dire qu'il y a toute la concordance désirable.
Le moyen employé dans nos essais et qui consiste à dessécher le lait sur du
papier filtre doit être regardé comme suffisamment exact pour le but visé.
La seule différence relativement grande entre le nombre de calories trouvé
par l'expérience et calculé (vache n° 122 pendant la 4ᵉ période) est due probablement à un accident dans l'expérience de combustion.

Comme on l'a indiqué antérieurement en décrivant les tableaux principaux, le tableau principal 2 donne la chaleur de combustion observée pour 1 gramme des aliments ; les chiffres correspondants touchant les fèces, l'urine et le lait se trouvent dans les tableaux 3, 4 et 6. Partant de là, on a calculé les quantités de calories dans la ration journalière et dans les excrétions. Les résultats sont inscrits dans le tableau principal 8 où, en retranchant des calories de la ration les calories des excrétions, on a calculé en outre le nombre de calories que les vaches ont employées pour le reste de leurs fonctions vitales. Ce nombre était pour les quatre vaches laitières de 20 à 30.000 grandes calories par 24 heures, et pour les deux vaches sèches seulement de 15 à 20.000 calories. Dans le tableau principal 8, on a en outre indiqué le pourcentage de calories digestibles (c'est-à-dire le pourcentage de la différence : calories de la ration — calories des fèces) qui a été utilisé pour l'urine et le lait. On remarquera ici, en particulier, *combien est faible la quantité de calories excrétée avec l'urine.* On voit, en effet, par les chiffres de la colonne 8, que la quantité de calories de l'urine ne dépasse en aucun cas 3 °/₀ de la quantité totale de calories contenues dans la ration *totale*, et seulement dans des cas exceptionnels 5 °/₀ de la quantité de calories digérées (colonne 12).

Il est dans la nature des choses que le pourcentage des calories de la ration, utilisé pour le lait, soit très variable et décroisse en même temps que le rendement en lait. Le nombre de calories excrété avec les fèces s'est élevé pour les vaches laitières de 30 à 35 °/₀ de la somme totale de calories renfermées dans la ration ; pour les vaches sèches, à un peu plus. En ce qui concerne les calories contenues dans les fèces, il convient de remarquer que leur nombre ne provient pas seulement du reste non digéré de la ration, mais aussi des soi-disant produits de la nutrition fournis par le tube digestif. Le nombre de ces dernières calories devrait être connu pour qu'on pût calculer la fraction des calories de la ration qui a été « réellement » digérée. En outre des déterminations ci-dessus indiquées du nombre de calories dans les fèces et pendant celle des périodes d'essai (7ᵉ) où les vaches étaient nourries d'aliments « normaux », nous avons exécuté la détermination du nombre de calories renfermées dans la partie des fèces restée insoluble après traitement par la pepsine chlorhydrique. Si l'on admet que ce reste renferme la partie non digérée des principes non azotés de la ration, de même que c'est à très peu près le cas pour les principes azotés, la teneur en calories de ce reste, soustraite de la teneur totale des fèces, donne le nombre des calories appartenant aux produits de la nutrition.

Tableau

Tableau XIII. — Calories des fèces pendant la 7ᵉ période.

VACHE NUMÉRO.	DANS LES FÈCES au total. — Grandes calories.	LA PARTIE DES FÈCES (résidu des aliments) INSOLUBLE DANS LA PEPSINE CHLORHYDRIQUE			LA PARTIE DES FÈCES (produits de la nutrition) SOLUBLE DANS LA PEPSINE CHLORHYDRIQUE renferme		
		renferme dans 1 gramme. — Petites calories.	Nombre de grammes.	renferme au total. — Grandes calories.	au total. — Grandes calories.	en % du nombre de calories des fèces.	en % du nombre de calories de la ration.
	1	2	3	4	5	6	7
53	15471	4388	2547	11176	4295	27.8	9.5
68	17084	4312	2908	12539	4545	26.6	8.9
125	17640	4166	2946	12273	5367	30.4	9.5
122	15842	4264	2650	11300	4542	28.7	9.8
117	9102	4262	1562	6657	2445	26.9	8.1
134	10591	4359	1817	7920	2674	25.3	8.4
Moyenne............		4292	»	»	»	27.6	9.0

Dans le tableau XIII, en outre de la teneur totale des fèces en calories, on trouve le nombre de calories renfermé dans le reste des fèces, résidu des aliments non digestible dans la pepsine chlorhydrique, ainsi que le nombre de calories dans 1 gramme de ce reste. Si l'on retranche les chiffres de la colonne 4 des chiffres correspondants de la colonne 1, on obtient le nombre de calories contenu dans la partie soluble des fèces (produits de la nutrition). Les résultats de cette soustraction sont donnés dans la colonne 5. Dans les deux dernières colonnes, on a calculé les données de la colonne 5 en pour cent du nombre de calories contenues dans les fèces et dans la ration.

Si l'on compare d'abord les chiffres qui donnent le nombre de calories renfermées dans 1 gramme de résidu des aliments, on voit que ces chiffres ne présentent que des différences relativement faibles, et cela en dépit de la composition assez différente de la ration pour les six vaches. Les quatre vaches laitières recevaient non seulement plus de racines, mais en outre avaient dans leur ration 1ᵏᵍ,5 à 1ᵏᵍ,75 de tourteau de coton, tandis que les vaches sèches ne consommaient pas de tourteau. Le nombre de petites calories dans 1 gramme de résidu des aliments a varié entre 4166 et 4388. Le plus faible de ces nombres concerne la vache n° 125 qui absorbait 1ᵏᵍ,75 de tourteau de coton et 67ᵏᵍ,5 de racines; le plus élevé concerne la vache n°53 qui consommait 1ᵏᵍ,5 de tourteau de coton et 40 kilogr. de racines. Les quantités de foin et de paille étaient à très peu près les mêmes pour les deux vaches. D'ailleurs la quantité de paille variait un peu, tandis que toutes les bêtes recevaient la même quantité de foin, à savoir 2ᵏᵍ,5. Il résulte en outre du tableau XIII que le nombre de calories correspondant aux produits de la nutrition s'élevait, pour les différentes vaches, de 25,3 à 30,4 0/0, en moyenne 27,6 0/0, de la teneur en calories des fèces et de 8,1 à 9,8 0/0, en moyenne 9 0/0, de la teneur en calories de la ration. Pour les vaches laitières, le dernier nombre variait entre 8,9 et 9,8; pour les vaches sèches, entre 8,1 et 8,4, par conséquent à très peu près le même.

Si, maintenant, du total de calories contenues dans la ration on retranche le nombre de calories renfermées dans le résidu des aliments, on obtient la teneur en calories de la partie « vraiment » digérée de la ration. C'est ce qu'on a fait dans le tableau XIV.

Tableau XIV. — Teneur de la ration en calories digestibles et non digestibles (7° période).

VACHE NUMÉRO.	GRANDES CALORIES				
	DANS LA RATION au total.	DANS LA PARTIE NON DIGÉRÉE de la ration		DANS LA PARTIE DIGÉRÉE DE LA RATION	
		au total.	%	au total.	%
53	45442	11176	24.6	34266	75.4
68	50971	12539	24.6	38432	75.4
125	56385	12273	21.8	44112	78.2
122	46193	11300	24.5	34893	75.5
117	30104	6657	22.1	23447	77.9
134	31922	7920	24.8	24002	75.2
Moyenne		»	23.7	»	76.3

D'après la dernière colonne du tableau XIV, on voit que 75,2 à 78,2 0/0 des calories de la ration ont été digérées. Le chiffre le plus élevé concerne la vache laitière n° 125; le moins élevé, la vache sèche n° 117. Il y a par conséquent une bonne concordance dans les chiffres s'appliquant aux six bêtes.

Enfin le tableau XV donne une vue d'ensemble des mutations des calories digérées chez les vaches d'expérience.

Tableau XV. — Mutations de la partie digestible des calories de la ration (grandes calories.)

PÉRIODE	VACHE	CALORIES	CALORIES			RESTE	SUR 100 CALORIES DIGESTIBLES, ON TROUVE DANS :				
NUMÉRO.	NUMÉRO.	DIGESTIBLES dans la ration au total.	DANS LE LAIT.	DANS L'URINE.	DANS les produits de la nutrition.	DIGESTIBLE des calories de la ration.	LE LAIT.	L'URINE.	LES produits de la nutrition.	LE RESTE.	LE LAIT + le reste.
		1	2	3	4	5	6	7	8	9	10
7	53	34266	5111	1231	4295	23629	14.9	3.6	12.5	69.0	83.9
	68	38432	8886	895	4545	24106	23.1	2.4	11.8	62.7	85.8
	125	44112	11772	1482	5367	25491	26.7	3.4	12.1	57.8	84.5
	122	34893	6344	1254	4542	22753	18.2	3.6	13.0	65.2	83.4
	117	23447	0	659	2445	20343	0	2.8	10.4	86.8	86.8
	134	24002	0	313	2674	21015	0	1.3	11.1	87.6	87.6
Moyenne...............		»	»	»	»	»	»	2.8	11.8	»	85.3
1	53	39308	9934	1162	4765	23447	25.3	2.9	12.1	59.7	85.0
1	68	39308	12504	1091	4402	21311	31.8	2.8	11.2	54.2	86.0
3	125	44257	14036	791	5714	23716	31.7	1.8	12.9	53.6	85.3
1	122	39360	11529	1191	5170	21470	29.3	3.0	13.1	54.6	83.9
1	117	20497	0	594	2928	16975	0	2.9	14.3	82.8	82.8
1	134	23141	0	529	3666	18876	0	2.6	15.8	81.6	81.6
Moyenne...............		»	»	»	»	»	»	2.7	13.2	»	84.0

La partie supérieure du tableau XV concerne la 7ᵉ période. Pour cette période on a fait les déterminations directes nécessaires pour mettre en lumière les mutations. Les cinq dernières colonnes fournissent la vue d'ensemble la plus claire. Comme on le voit, les calories du lait pendant la 7ᵉ période représentent 15 à 26 0/0 des calories digestibles. Par contre les calories du *l'urine* représentent chez les vaches laitières seulement de 2,4 à 3,6 0/0 et chez les vaches sèches de 1,3 à 2,8 0/0 des calories digestibles de la ration. Les calories des *produits de la nutrition* font 10 à 12 0/0. Les calories du *reste* représentent chez les vaches laitières environ 59 à 69 0/0, mais chez les vaches sèches beaucoup plus, à savoir environ 87 0/0. Dans la dernière colonne de droite est indiquée la somme des calories pour le lait + le reste ; on voit que cette somme est à peu près égale pour les vaches laitières et les vaches sèches.

Dans la partie inférieure du tableau XV, on a donné la même vue d'ensemble pour la période 1 (et pour la période 3 dans le cas de la vache nᵒ 125). Il faut remarquer que les déterminations directes, sur lesquelles est basée cette vue d'ensemble, ont été exécutées pour la 7ᵉ période. En admettant toutefois que, dans la période 1 comme dans la période 7, le nombre de calories de la partie digestible de la ration soit le même en 0/0 des calories totales de la ration (dernière colonne du tableau XIV) et également que le nombre de calories des produits de la nutrition soit le même en 0/0 des calories des fèces (avant-dernière colonne du tableau XIII), il devient possible de faire les calculs relatifs aux mutations pour la période 1. Ce calcul n'est pas, il est vrai, tout à fait correct ; mais il ne saurait être très inexact.

C'est surtout pour mettre en évidence le rôle que joue le rendement en lait que nous avons établi cette vue d'ensemble pour la période 1, où ce rendement était élevé en comparaison de celui de la période 7. Le calcul suffit pour mettre en lumière cette différence.

On voit que les calories du lait pendant la période 1 étaient comprises entre 25 et 32 0/0 des calories digestibles de la ration, au lieu de 15 à 26 0/0 seulement pendant la période 7. Pour l'urine et les produits de la nutrition, les chiffres sont dans l'essentiel les mêmes pendant les périodes 1 et 7 ; mais les chiffres concernant le « reste » chez les vaches laitières se trouvent diminués à peu près dans la mesure où sont accrus ceux relatifs au lait. De la sorte, la somme des calories du lait et du « reste » dans la 6ᵉ colonne est pour les vaches laitières à peu près la même pendant les deux périodes.

VII. — Digestibilité ; azote intestinal.

Dans le chapitre du 60ᵉ rapport, consacré aux coefficients de digestibilité (pages 107 à 139 de l'original danois) on a établi un certain nombre de calculs sur la digestibilité des aliments employés (1). Pour cela, on s'est

---

(1) Ici comme dans le 60ᵉ rapport, pour être brefs, quand nous parlons de digestibilité des *aliments*, nous entendons toujours, à moins d'indication contraire, la digestibilité des *principes azotés* que nous désignons, également pour être brefs, par digestibilité de *l'azote*.

basé, entre autres, sur les données obtenues par l'analyse chimique en traitant les aliments et les fèces par la pepsine chlorhydrique, comme on l'a décrit avec détail dans le 60ᵉ rapport. De même, en partant de la même base, on a dans ce rapport fait un certain nombre de calculs pour déterminer la quantité « d'azote intestinal » (1) aussi bien dans les cas particuliers qu'en général. Comme nous l'avons montré en effet dans le 60ᵉ rapport, l'exacte détermination de la quantité d'azote intestinal est une condition essentielle, si l'on veut connaître la digestibilité vraie des aliments.

Dans le 60ᵉ rapport, nous avons utilisé la base indiquée de la même façon que cela avait été fait dans les essais analogues, d'ailleurs peu nombreux, institués à l'étranger. Dans ces calculs nous avons en effet considéré comme azote intestinal toute la fraction de l'azote des fèces soluble dans la pepsine chlorhydrique.

Cependant on verra, en consultant les chiffres du 60ᵉ rapport, qu'on trouve constamment dans les fèces une fraction de l'azote qui n'appartient pas aux albuminoïdes et que, pour être brefs, nous avons désigné sous le nom collectif « d'azote amidé ». Comme les substances, dans lesquelles entre cet azote, passent complètement en solution lors du traitement par la pepsine chlorhydrique (ce qui prouve que le reste insoluble ne contient jamais que de l'azote albuminoïde), il se pose la question de savoir *si l'azote amidé des fèces provient de la ration ou de l'intestin* et si l'on doit par suite le considérer comme résidu de la ration ou comme azote intestinal. Si l'on admettait, comme cela se fait généralement, que les amides de la ration sont complètement digestibles, on en devrait conclure que l'azote amidé des fèces provient de l'intestin et non de la ration. Conformément à cela, on a aussi admis que la quantité d'azote présente dans les fèces ne dépendait pas de la richesse plus ou moins grande de la ration en azote amidé.

Cette question ne pouvait être tranchée par les essais du 60ᵉ rapport. Il y avait alors toujours dans la ration beaucoup plus d'azote amidé que dans les fèces. Mais, si l'on utilise des rations renfermant très peu d'azote amidé, beaucoup moins notamment qu'on en trouve en général dans les fèces, la chose devient possible. Dans ces derniers cas l'azote amidé des fèces devrait dépasser l'azote amidé de la ration, s'il appartenait réellement aux produits de la nutrition. Or on a employé de semblables rations dans les expériences du présent rapport.

On trouve dans le tableau principal 7 les chiffres qui servent à éclairer la question. Un regard, jeté sur les chiffres des colonnes 11 et 12 dans la partie de ce tableau qui concerne les essais de la dernière année, montrera de suite que la quantité d'azote amidé de fèces croît et décroît avec la quantité d'azote amidé de la ration. Dans les cas particuliers on observe bon nombre d'irrégularités, mais celles-ci ne sont pas assez grandes pour masquer la règle principale.

Si nous ordonnons par ordre de grandeur les teneurs en azote amidé de la ration (tableau principal 7, colonne 11), si nous y adjoignons les teneurs

---

(1) Sous cette détermination, nous rassemblons les quantités d'azote que les vaches excrètent avec les fèces par l'intermédiaire des liquides digestifs, du mucus du tube digestif, etc.

en azote amidé des fèces (colonne 12), enfin si nous faisons trois groupes qui se présentent naturellement d'après la grandeur des chiffres, on obtient les données suivantes avec « l'erreur moyenne » correspondante :

Azote amidé dans la ration		Azote amidé dans les fèces.	Nombre d'expériences.
De 55 à 36 en moyenne 47 gr.........		$7^{gr},4 \pm 0,7$	13
De 29 à 15 — 25............		5, 0 $\pm$ 0,6	11
De 11 à 2 — 5............		0, 9 $\pm$ 0,2	12

On voit par là que les quantités d'azote amidé de la ration et des fèces croissent et décroissent en même temps; leur rapport est toutefois très constant; il s'élève en moyenne respectivement pour les trois groupes indiqués à 0, 16, 0, 20 et 0,18. Mais ce qu'il faut surtout remarquer, c'est que d'une part l'azote amidé des fèces ne dépasse jamais celui de la ration et que d'autre part, dans plusieurs cas, on n'a pas trouvé du tout d'azote amidé dans les fèces.

Si de la même façon nous rangeons les diverses vaches d'après les quantités d'azote contenues dans la ration, nous trouvons ce qui suit :

Vache Nº.	Azote amidé dans la ration.	Azote amidé dans les fèces.	Nombre de périodes.
125............	52gr.	9,0gr.	toutes les 5
68............	43	7,1	— 7
63............	28	5,0	— 7
122............	16	2,9	— 7
117............	3	1,2	les 4 premières
134............	8	0,7	les 4 —

Ce tableau conduit aux mêmes réflexions que le précédent. On arrive donc au résultat suivant : *l'azote amidé des fèces doit être un résidu de la ration et non de l'azote intestinal.*

Ce résultat n'est nullement en contradiction avec le fait que les amides de la ration sont facilement solubles dans l'eau et doivent être, par conséquent, regardées comme complètement « digestibles »; car ce n'est pas la même chose pour une substance que d'être « digestible » ou d'être « digérée », c'est-à-dire absorbée dans la circulation générale. Ce n'a pas été le cas ici, on serait tenté de dire, précisément *parce* que les amides sont facilement solubles dans l'eau : une partie de ces substances facilement solubles a été retenue dans les fèces très riches en eau.

Maintenant qu'on peut regarder comme établi que l'azote amidé des fèces est un résidu de la ration, il est possible d'adjoindre quelques calculs et déductions supplémentaires à ceux présentés dans le 60ᵉ rapport.

Les données nécessaires sont rassemblées dans le tableau principal 9 (1).

Dans les trois premières colonnes de ce tableau, on a indiqué la teneur de la ration respectivement en azote albuminoïde, azote amidé et azote total. En

---

(1) Le tableau principal 9 n'est pas reproduit ici. Mais on trouvera plus loin le tableau XVI qui est un extrait du tableau principal 9. (N. d. T.)

se basant sur les chiffres qu'on obtient en traitant les aliments par la pepsine chlorhydrique, on a calculé, dans les colonnes 4 et 5, les quantités d'azote soluble (colonne 4) et insoluble (colonne 5). Dans les colonnes 6 et 7, on a calculé la quantité d'azote albuminoïde et d'azote total solubles en ⁰/₀ de la quantité totale d'azote.

Les colonnes 8 à 15 concernent l'azote des *fèces*. La colonne 8 donne l'azote total des fèces; les colonnes 9 et 10, les proportions de cet azote solubles et insolubles dans la pepsine chlorhydrique. La colonne 11 indique la teneur des fèces en azote amidé. En admettant, comme cela arrive en général, que tout l'azote intestinal passe en solution quand on le traite par la pepsine chlorhydrique; en admettant en outre, comme l'ont montré les essais, que l'azote amidé des fèces soit un résidu des aliments; également que cet azote passe aussi en solution lors du traitement par la pepsine chlorhydrique puisqu'on ne trouve jamais d'azote amidé dans le reste insoluble, la partie soluble (colonne 9) doit par conséquent comprendre à la fois l'azote intestinal et l'azote amidé des fèces. Si l'on retranche les chiffres de la colonne 11 de ceux de la colonne 9 et qu'on ajoute le résultat de la soustraction aux chiffres de la colonne 10, on obtient, dans les hypothèses admises, l'azote intestinal proprement dit (colonne 12) et le résidu proprement dit de la ration (colonne 13). Ce dernier comprend dès lors à la fois la partie insoluble de l'azote des fèces et l'azote amidé des fèces.

Dans la colonne 14, on a transcrit les chiffres empruntés à la colonne 8 du tableau XIX du 60ᵉ rapport. Là on avait admis que seule la partie non digestible de l'azote des fèces était un résidu de la ration. Il faut maintenant remplacer les chiffres de cette colonne par ceux de la colonne 15, calculés en se basant sur le résidu de la ration de la colonne 13. En raison même de la nature des choses, les différences entre les deux séries de chiffres des colonnes 14 et 15 ne sauraient être très fortes.

La colonne 16 donne la teneur de la ration en matière sèche, exprimée en hectogrammes. Dans les colonnes 17, 18 et 19 sont calculées les quantités d'azote intestinal par hectogramme de matière sèche dans la ration. Suivant l'hypothèse qui sert de point de départ, ce calcul conduit à trois résultats différents. Si l'on admet que la partie non digestible de la *ration* forme le résidu proprement dit de la ration et qu'ensuite on cherche l'azote intestinal en retranchant ce résidu de la quantité totale d'azote des fèces (c'est-à-dire en retranchant les chiffres de la colonne 5 de ceux de la colonne 8) et en divisant le résultat par les chiffres de la colonne 16, on obtient les chiffres de la colonne 17. Si par contre on admet que *toute la partie digestible de l'azote des fèces* (colonne 9) est de l'azote intestinal et qu'on divise par suite les chiffres de la colonne 9 par ceux de la colonne 16, on obtient les chiffres de la colonne 18. Ces deux calculs avaient été exécutés dans le 60ᵉ rapport, tableau XIX, colonnes 12 et 13. Si enfin on prend comme point de départ la quantité d'azote intestinal inscrite dans la colonne 12 du tableau principal 9 et qu'on divise les chiffres de la colonne 12 par ceux de la colonne 16, on obtient les chiffres de la colonne 19. En comparant sur une même ligne les trois chiffres différents ainsi obtenus pour l'azote intestinal par hectogramme de matière sèche, on voit toutefois que les différences ne sont pas grandes et nous sommes loin d'avoir trouvé dans ces chiffres des oscillations aussi amples que celles observées dans des expériences faites ailleurs.

On a fait un extrait du tableau principal 9. Cet extrait se trouve dans le tableau XVI et sert à mettre en lumière *la digestibilité* de *l'azote albuminoï-de* et de *l'azote amidé*. C'est une question sur laquelle nous nous étions abstenus de nous arrêter dans le 60ᵉ rapport, précisément parce que nous ne savions pas exactement où nous devions ranger l'azote amidé des fèces. On arrive à un résultat en effet très différent, suivant qu'on compte l'azote amidé des fèces comme résidu de la ration ou comme azote intestinal.

TABLEAU

Tableau XVI. — Digestibilité de l'azote albuminoïde et de l'azote amidé.

GRAMMES D'AZOTE DANS LA RATION (col. 1–7) et **GRAMMES D'AZOTE DANS LES FÈCES** (col. 8–13)

VACHE. — NUMÉRO.	Azote albuminoïde (1)	Azote amidé (2)	Au total (3)	Après pepsine chlorhyd. soluble (4)	insoluble (5)	% sol. azote albuminoïde (6)	% sol. azote total (7)	Fèces au total (8)	Après pepsine soluble (9)	insoluble (10)	Azote amidé (11)	Azote intestinal (12)	Azote total du résidu de la ration (13)
a) Dans les rations les plus riches en azote.													
10 a	217	30	247	184	63	71	74	108	53	35	10	43	65
10 b	226	28	254	193	61	73	76	100	46	54	5	41	59
68 a	190	33	223	166	57	70	74	97	50	47	8	42	35
68 b	164	36	200	150	50	70	75	93	49	43	8	41	51
83	190	33	223	165	58	70	74	100	54	44	7	45	55
21	230	31	261	200	61	73	76	101	47	54	6	41	60
54	189	33	222	165	57	70	74	97	51	46	11	40	57
27	215	28	243	184	59	73	76	88	40	48	6	34	54
58	189	33	222	166	56	70	75	98	52	46	8	44	54
53*	183	25	208	162	46	75	78	79	43	36	5	38	41
68*	175	37	212	164	48	72	77	91	48	43	8	40	51
122	185	15	200	147	52	71	74	89	52	37	4	48	41
Moyenne.	196	30	226	170	56	72	75	95	48	41	7	41	54
b) Dans les rations les plus pauvres en azote.													
10 a	134	37	171	127	41	67	74	90	44	45	5	40	30
10 b	131	19	150	108	42	68	72	69	30	38	5	35	44
68 a	131	37	168	125	42	68	75	86	45	41	10	35	51
68 b	131	36	167	127	40	70	76	82	44	28	9	35	47
83	142	36	168	120	42	68	75	88	41	44	7	37	51
24	148	32	180	135	45	70	75	81	41	40	4	37	44
53	116	38	154	116	38	67	75	78	41	37	6	35	43
27	131	18	149	108	41	63	72	65	30	35	6	34	41
58	115	36	151	113	38	67	75	79	42	37	9	39	46
53*	94	28	122	94	29	70	77	71	44	37	5	39	39
68*	115	47	162	128	34	70	79	81	46	33	5	41	40
122	98	10	108	77	29	68	72	56	32	24	4	31	25
Moyenne.	123	31	154	115	39	68	75	77	40	37	6	34	43

COEFFICIENT DE DIGESTIBILITÉ OBTENU EN TRAITANT les fèces par la pepsine chlorhydrique (col. 14–18) et **DIMINUTION apparente de la digestibilité (%) sous l'influence de l'azote intestinal** (col. 19–20)

VACHE. — NUMÉRO.	Coeff. vrai — Pour l'azote albuminoïde (14)	Coeff. vrai — Pour l'azote amidé (15)	Coeff. vrai — Pour l'azote total (16)	Coeff. apparent — Pour l'azote albuminoïde (17)	Coeff. apparent — Pour l'azote total (18)	Pour l'azote albuminoïde (19)	Pour l'azote total (20)
a) Dans les rations les plus riches en azote.							
10 a	74	66	73	55	56	19	17
10 b	76	82	77	68	61	18	16
68 a	75	77	75	63	57	22	18
68 b	74	79	75	48	54	26	21
83	75	80	75	51	55	24	20
21	77	80	77	59	61	18	16
54	75	66	74	55	56	21	18
27	78	78	78	62	64	16	14
58	76	77	76	52	56	24	20
53*	80	79	80	60	62	20	18
68*	75	79	76	52	57	23	19
122	80	78	79	54	55	26	24
Moyenne.	76	76	76	55	58	21	18
b) Dans les rations les plus pauvres en azote.							
10 a	67	86	71	37	47	30	24
10 b	70	71	74	52	54	18	17
68 a	69	73	70	42	49	27	21
68 b	71	75	73	45	51	26	21
83	67	81	70	39	48	28	22
24	73	89	76	48	55	25	21
53	68	84	79	38	49	30	23
27	73	89	73	55	57	18	15
58	68	76	70	39	48	29	22
53*	72	84	74	29	48	43	32
68*	69	89	75	34	50	35	25
122	75	90	77	43	47	32	30
Moyenne.	70	81	72	42	50	28	22

On trouve dans le tableau XVI les chiffres concernant toutes les vaches d'expériences des 60ᵉ et 63ᵉ rapports ayant fait partie de 7 périodes d'essai au total, avec une différence notable dans la teneur en azote de la ration. Cependant on a exclu la vache n° 106 du 60ᵉ rapport, la bête n'ayant pas été bien portante pendant la plus grande partie de l'expérience. On a rassemblé dans la partie supérieure du tableau XVI les trois périodes (sur les sept), où la ration renfermait la quantité maxima d'azote, et, dans la partie inférieure du tableau, également les trois périodes où la ration contenait la quantité minima d'azote. Les chiffres donnés sont les chiffres moyens arrondis pour les trois périodes, mais les calculs ont été exécutés à l'aide des chiffres non arrondis tirés du tableau principal 9.

Les 13 premières colonnes du tableau XVI sont exactement les mêmes que celles du tableau principal 9 : elles ont été décrites plus haut. Dans les colonnes 4 à 6 on a calculé les coefficients de digestibilité « vrais » pour l'azote albuminoïde, l'azote amidé et l'azote total.

Pour trouver ces coefficients, on a fait les calculs suivants :

(1) 100 (colonne 1 — colonne 10) : colonne 1 = colonne 14
(2) 100 (colonne 2 — colonne 11) : colonne 2 = colonne 15
(3) 100 (colonne 3 — colonne 13) : colonne 3 = colonne 16

Les coefficients ainsi trouvés indiquent par suite le pourcentage d'azote de la ration « vraiment » digéré par les vaches, quand on admet que le traitement des fèces par la pepsine chlorhydrique fournit des valeurs exactes pour la quantité d'azote intestinal.

Dans les colonnes 17 et 18, on a ensuite calculé les coefficients « apparents » de digestibilité correspondants pour l'azote albuminoïde et l'azote total, tandis qu'on a pu calculer seulement un unique coefficient de digestibilité pour l'azote amidé, puisque on n'a pas trouvé d'azote amidé comme azote intestinal. On a fait les calculs suivants :

(4) 100 (colonne 1 — colonne 10 — colonne 12) : colonne 1 = colonne 17
(5) 100 (colonne 3 — colonne 13 — colonne 12) : colonne 3 = colonne 18

En comparant le calcul (1) avec le calcul (4) et pareillement le calcul (3) avec le calcul (5) on voit que toute la différence réside en ce que la colonne 12 (azote intestinal) entre dans le calcul d'où l'on tire le coefficient « apparent » de digestibilité, tandis qu'elle ne figure pas dans celui qui fournit le coefficient « vrai ». La différence entre le coefficient « vrai » et « apparent » est indiquée dans les colonnes 19 et 20 du tableau XVI pour l'azote albuminoïde et l'azote total. C'est par conséquent l'azote intestinal qui, en réduisant en apparence la digestibilité, cause cette différence.

Les différences entre les coefficients « vrais » et les coefficients « apparents » sont plus grandes dans la partie inférieure que dans la partie supérieure du tableau XVI. Les différences moyennes sont de 28 et 22 dans la partie inférieure contre 21 et 18 dans la partie supérieure. C'est que l'azote intestinal exerce une influence d'autant plus grande que la ration renferme moins d'azote. Ceci est purement une affaire de calcul, comme cela résulte nettement des calculs schématiques (1) à (5) indiqués plus haut.

Les différences entre les coefficients des parties inférieure et supérieure du tableau XVI ont été appelées « dépressions ». Comme cette différence est entièrement due à la même cause que la différence constatée entre les coefficients « vrais » et « apparents » de digestibilité, il est plus exact, comme on l'a fait dans le 60ᵉ rapport, de considérer comme « dépression » l'abaissement apparent total de la digestibilité causé par l'azote intestinal que de désigner sous ce nom la *fraction* de cet abaissement qu'on observe en comparant deux rations différentes. Autrement il est impossible d'exprimer la « dépression » par un chiffre dans tous les cas où il n'y a pas des rations différentes à comparer : en outre, dans les cas où il y a plus de deux rations à comparer, la *même* dépression est exprimée par *plusieurs chiffres différents*. Toutefois, comme on l'a montré dans le 60ᵉ rapport, la question de la « dépression » est sans importance pour la pratique agricole. Nous l'avons traitée ici parce que les chiffres du tableau XVI permettaient de le faire avec beaucoup de facilité.

On trouve dans les colonnes 14 et 15 du tableau XVI les chiffres indiquant de quelle façon les vaches ont *digéré l'azote albuminoïde et l'azote amidé*. Si l'on s'en tient d'abord à la partie supérieure du tableau, on voit que, sur 12 cas, il y en a 4 où l'azote albuminoïde a un coefficient de digestibilité supérieur à celui d'azote amidé ; mais il en existe 7 où c'est le contraire et 1 où les deux coefficients sont égaux. Les différences oscillent entre — 10 et + 6 ; en moyenne de toutes les vaches, le coefficient de digestibilité est de 76 pour l'azote albuminoïde et pour l'azote amidé. Autrement dit : *quand la ration renferme une quantité relativement grande d'azote, l'azote albuminoïde et l'azote amidé sont digérés à très peu près également.*

Mais il n'en est pas de même pour la partie inférieure du tableau XVI où *la ration contient une quantité relativement faible d'azote*; là, *l'azote amidé a le plus grand coefficient de digestibilité* dans 11 cas sur 12 ; une seule fois on observe le contraire. Les différences entre les coefficients oscillent entre — 4 et + 20 et, en moyenne de toutes les vaches, le coefficient de digestibilité est de 70 pour l'azote albuminoïde et de 81 pour l'azote amidé.

Comme il résulte de ce qui a été dit plus haut, nous avons essayé de déterminer les coefficients de digestibilité par la voie chimique de deux façons, à savoir : en traitant, d'une part, la *ration* par la pepsine chlorhydrique et, d'autre part, les *fèces* par le même réactif. Les chiffres du tableau XVI nous fournissent les moyens de comparer les résultats de ces deux procédés.

La colonne 5 donne le chiffre du reste insoluble obtenu après traitement des *aliments* par la pepsine chlorhydrique ; la colonne 10, celui du reste insoluble résultant du traitement des *fèces* par le même réactif. Si ces deux chiffres exprimaient réellement la partie non digestible de la ration, ils devraient concorder. Comme on le voit, ce n'est pas le cas ; les chiffres de la colonne 5 sont d'un bout à l'autre plus élevés que ceux de la colonne 10. Ce résultat est très naturel. Quand on traite la ration par la pepsine chlorhydrique, les matières azotées ne sont soumises qu'une fois à l'action de ce réactif ; elles le sont deux fois, au contraire, quand les fèces sont traitées par la pepsine chlorhydrique, une première fois dans le tube digestif des vaches et une seconde fois dans le Laboratoire.

Toutefois le résultat diffère aussi dans les parties supérieure et inférieure du tableau XVI. Dans la partie supérieure les chiffres de la colonne 5 sont partout plus grands que ceux de la colonne 10 et en moyenne la différence est de 56 — 47 = 9 grammes. Dans la partie inférieure, la différence moyenne n'est que de 39 — 37 = 2 grammes et, dans trois cas sur 12, on trouve un chiffre plus grand dans la colonne 10 que dans la colonne 5.

Ainsi les coefficients de digestibilité trouvés en traitant les aliments par la pepsine chlorhydrique sont moindres que ceux obtenus en traitant les fèces par le même réactif. Pour les albuminoïdes on trouve dans les deux parties du tableau XVI :

> Par traitement des aliments . . . . 72 et 68
> Par traitement des fèces. . . . . 76 et 70

Lesquels de ces chiffres sont les plus exacts, c'est ce que ne permettent pas d'établir les expériences faites. Mais comme une condition nécessaire de leur exactitude est qu'ils concordent, le Laboratoire s'est proposé de modifier les méthodes de travail, de façon à obtenir un même résultat par le traitement des aliments et par le traitement des fèces.

Toutefois, les différences n'étant pas plus grandes que celles observées, il faut reconnaître que les deux méthodes fournissent en attendant un résultat utilisable. Comme d'ailleurs le traitement de la ration par la pepsine chlorhydrique donne le coefficient de digestibilité le plus *faible* et qu'en outre, d'après le 60ᵉ rapport, ce coefficient concorde très bien avec ce qu'on trouve en recherchant, par la voie du calcul, comment les vaches digèrent leurs aliments, on peut sûrement obtenir une expression utilisable du coefficient de digestibilité des aliments en traitant ceux-ci par la pepsine chlorhydrique.

Pour les cas où dans la pratique on désire connaître non seulement la composition des aliments, mais aussi leur digestibilité, il est par conséquent *recommandable de joindre à l'analyse chimique ordinaire un traitement par la pepsine chlorhydrique*, semblable à celui employé dans nos expériences et décrit avec détails dans le 60ᵉ rapport (pages 101 à 102 de l'original danois). Le coefficient de digestibilité, obtenu par ce procédé, sera en tout cas de beaucoup préférable au coefficient moyen de digestibilité dont on se sert souvent. Il a en outre l'avantage de s'appliquer réellement aux aliments dont on désire connaître la digestibilité, ce qui n'est pas le cas pour les coefficients moyens indiqués dans les manuels.

Dans le 60ᵉ rapport, on a trouvé par la voie du calcul qu'on peut compter sur une élimination de 0ᵍʳ,35 d'azote intestinal par hectogramme de matière sèche contenue dans la ration, ce qui concorde très bien avec le résultat obtenu en traitant les fèces par la pepsine chlorhydrique. Le chiffre indiqué ressortait cependant du calcul de façon très incertaine, l'erreur moyenne étant relativement grande. Cela est dû à plusieurs causes. En particulier le chiffre était obtenu en admettant que la quantité d'azote intestinal était *proportionnelle* à la teneur de la ration en matière sèche. Cette hypothèse a été souvent utilisée par d'autres savants (1), mais elle n'est pas solide. Dans le 60ᵉ rapport (p. 121 de l'original danois) nous avons dit que quelque chose dans les résul-

---

(1) Voir, par exemple, Kellner : Die Ernährung der landw. Nutztiere. 4ᵉ édition, p. 33 et 50.

tats de nos expériences indiquait que la quantité d'azote intestinal dépendait non seulement de la teneur de la ration en matière sèche, mais aussi de *sa teneur en azote*. Nous n'avons pas insisté davantage dans le 60ᵉ rapport. Il résultait très nettement des calculs exécutés que, si l'on regarde tout l'azote des fèces soluble dans la pepsine chlorhydrique comme de l'azote intestinal, la quantité de cet azote par hectogramme de matière sèche renfermée dans la ration était plus grande lors d'une teneur élevée que lors d'une teneur faible de la ration en azote. Mais nous n'avons pas poursuivi ces recherches dans le 60ᵉ rapport, précisément parce que nous ne savions pas de façon certaine si l'azote amidé des fèces devait être ou non compté comme azote intestinal. Les nouvelles expériences, qui étaient projetées dès cette époque, devaient fournir l'occasion de revenir sur cette question.

Nous allons maintenant examiner les chiffres des expériences anciennes et nouvelles dans le but de trouver le rapport de dépendance qui existe apparemment entre d'une part l'azote intestinal des fèces, déterminé par dissolution dans la pepsine chlorhydrique, et d'autre part la grandeur de la ration, déterminée par sa teneur en matière sèche, et la teneur totale en azote de cette même ration (1). Nous allons faire la chose de deux manières : d'une part en comptant tout l'azote des fèces qui se dissout dans la pepsine chlorhydrique ; d'autre part en comptant seulement la fraction de cet azote qui n'est pas de l'azote amidé. Le deuxième calcul est évidemment le plus exact. Mais nous faisons aussi le premier, parce que précisément les quantités d'azote intestinal trouvées par d'autres savants ont été obtenues en y ayant recours. Les données nécessaires à ces calculs se trouvent dans les dernières colonnes du tableau principal 9.

Le tableau XVII reproduit les chiffres du tableau principal 9, colonne 3, qui donne les teneurs des rations en azote total, ordonnées en série d'après leur grandeur. A chacune d'elles est adjoint le chiffre indiquant le nombre de grammes d'azote intestinal par hectogramme de matière sèche. On a cependant exclu de ce tableau la vache n° 106 qui n'était pas bien portante. Il est possible en effet que cette circonstance ait amené le taux extraordinairement élevé de l'azote intestinal trouvé pour cette vache.

Tableau

---

(1) Que nous comptions ici avec l'azote total ou avec les seuls albuminoïdes ou encore avec la partie digestible de ces derniers, cela ne fait aucune différence essentielle et ne change que fort peu les constantes résultant des calculs.

Tableau XVII. — Azote de la ration et azote intestinal.

VACHE NUMÉROS.	PÉRIODE NUMÉROS.	GRAMMES D'AZOTE dans la ration.	GRAMMES D'AZOTE INTESTINAL PAR HECTOGR. de matière sèche.		VACHE NUMÉROS.	PÉRIODE NUMÉROS.	GRAMMES D'AZOTE dans la ration.	GRAMMES D'AZOTE INTESTINAL PAR HECTOGR. de matière sèche.		VACHE NUMÉROS.	PÉRIODE NUMÉROS.	GRAMMES D'AZOTE dans la ration.	GRAMMES D'AZOTE INTESTINAL PAR HECTOGR. de matière sèche.	
			a	b				a	b				a	b
64	12	271	0.43	0.36	58	2	221	0.44	0.37	10	5	165	0.35	0.32
64	11	262	0.40	0.36	27	9	220	0.33	0.31	58	6	165	0.34	0.26
10	9	261	0.38	0.35	125	4	217	0.48	0.41	10	4	164	0.36	0.32
64	8	261	0.43	0.34	125	5	216	0.49	0.45	68	4	163	0.33	0.27
64	9	261	0.39	0.33	64	14	214	0.41	0.33	23	4	162	0.34	0.32
24	8	261	0.39	0.30	53*	2	210	0.36	0.31	68	5	161	0.39	0.31
24	9	261	0.37	0.36	68	12	206	0.40	0.35	23	5	161	0.37	0.30
27	8	261	0.37	0.28	68*	2	202	0.38	0.32	53	4	161	0.33	0.29
64	10	260	0.35	0.34	10	7	201	0.38	0.32	10	13	160	0.31	0.28
24	10	260	0.38	0.33	23	7	199	0.37	0.30	58	4	159	0.38	0.31
10	10	253	0.41	0.34	58	7	199	0.38	0.32	68	13	158	0.35	0.29
10	1	252	0.45	0.38	68*	7	199	0.42	0.35	27	13	157	0.31	0.26
64	1	252	0.45	0.41	68	7	197	0.39	0.31	68	14	151	0.39	0.33
68	1	252	0.41	0.32	68	9	197	0.36	0.33	68*	4	151	0.38	0.32
23	1	252	0.42	0.37	68	10	197	0.36	0.32	68*	5	149	0.38	0.35
53	1	251	0.43	0.33	68	11	197	0.40	0.32	10	12	148	0.32	0.25
58	1	251	0.45	0.38	53	7	196	0.36	0.30	27	12	148	0.31	0.24
10	11	247	0.40	0.37	68	3	196	0.37	0.34	10	14	141	0.33	0.25
27	11	247	0.35	0.31	23	3	195	0.41	0.35	27	14	141	0.33	0.27
10	2	245	0.42	0.35	58	3	195	0.38	0.34	53	5	134	0.34	0.28
64	2	245	0.44	0.40	122	2	194	0.45	0.43	58	5	129	0.35	0.28
125	3	244	0.46	0.38	53	3	193	0.40	0.31	53*	6	125	0.41	0.38
10	3	243	0.44	0.33	68	8	193	0.38	0.28	53*	4	122	0.45	0.39
64	3	243	0.41	0.38	24	13	190	0.37	0.34	53*	5	120	0.43	0.38
64	7	243	0.39	0.32	68*	3	186	0.42	0.33	122	4	112	0.32	0.31
64	4	239	0.42	0.35	10	6	185	0.35	0.31	122	5	110	0.30	0.28
64	6	239	0.36	0.28	68*	6	185	0.40	0.36	122	6	95	0.28	0.28
10	8	238	0.37	0.30	122	7	185	0.38	0.33	134	7	82	0.34	0.30
64	5	238	0.37	0.30	53*	7	184	0.38	0.34	117	7	79	0.33	0.29
68*	1	234	0.40	0.34	24	12	183	0.33	0.29	134	1	60	0.26	0.26
53*	1	234	0.40	0.36	23	6	182	0.36	0.29	117	1	55	0.29	0.27
122	1	234	0.45	0.38	68	6	181	0.38	0.27	117	2	53	0.34	0.31
125	6	234	0.46	0.39	24	11	179	0.34	0.33	134	4	47	0.33	0.30
125	7	231	0.42	0.34	53*	3	179	0.34	0.30	117	4	46	0.34	0.32
64	13	224	0.40	0.32	24	14	178	0.39	0.35	117	3	35	0.24	0.22
68	2	222	0.41	0.35	27	10	178	0.32	0.28	134	2	34	0.30	0.28
23	2	222	0.43	0.37	122	3	170	0.40	0.39	134	3	27	0.28	0.28
53	2	222	0.41	0.32	53	6	166	0.35	0.30					

Un coup d'œil jeté sur le tableau XVII montre de suite que les quantités d'azote intestinal par hectogramme de matière sèche diminuent en général du commencement à la fin du tableau. Evidemment il y a de grandes irrégularités, mais la baisse signalée n'en est pas moins très reconnaissable. Les plus grandes irrégularités sont dues notamment à une seule vache.

Pour faciliter le coup d'œil, nous allons diviser le tableau, par exemple, en 4 parties avec le même intervalle environ dans les quantités d'azote. On pourrait, bien entendu, grouper autrement les données du tableau, sans changer le résultat de façon sensible. Si, pour chacune de ces 4 parties, nous calculons la moyenne avec l'erreur moyenne correspondante, en indiquant en outre le maximum et le minimum, nous obtenons le tableau XVIII.

Tableau XVIII. — Variations de la quantité d'azote intestinal suivant la quantité d'azote contenue dans la ration.

GRAMMES D'AZOTE TOTAL DANS LA RATION			GRAMMES D'AZOTE INTESTINAL PAR HECTOGRAMME DE MATIÈRE SÈCHE DANS LA RATION					
			D'APRÈS LA QUANTITÉ TOTALE D'AZOTE des fèces soluble dans la pespine chlorhydrique			APRÈS DÉDUCTION DE L'AZOTE AMIDÉ des fèces		
de	à	Moyenne.	Moyenne.	Maximum.	Minimum.	Moyenne.	Maximum.	Minimum.
271 — 215		243	0.411 ± 0.006	0.49	0.33	0.350 ± 0.006	0.45	0.28
214 — 158		184	0.372 ± 0.004	0.45	0.31	0.318 ± 0.005	0.43	0.26
157 — 100		136	0.356 ± 0.004	0.45	0.29	0.304 ± 0.004	0.39	0.24
au–dessous de 100		56	0.303 ± 0.003	0.34	0.24	0.283 ± 0.003	0.32	0.23

Il résulte très nettement du tableau XVIII que les *quantités d'azote intestinal par hectogramme de matière sèche s'élèvent et s'abaissent en même temps que la teneur totale de la ration en azote.*

Dans le tableau XVIII les données provenant de toutes les vaches sont fondues ensemble. Nous allons rechercher maintenant comment la chose se présente pour les *vaches isolées.* Pour cela nous allons employer les vaches figurant dans le tableau XVI, par conséquent les vaches présentant le nombre complet (7) de périodes et ayant reçu une ration qui dans les diverses périodes contenait des quantités notablement différentes d'azote. De même que dans le tableau XVI, nous allons également comparer les trois périodes à rations les plus azotées avec les trois périodes à ration les moins riches en azote. Les chiffres sont rassemblés dans le tableau XIX.

TABLEAU

Tableau XIX. — Variations de la quantité d'azote intestinal suivant la quantité d'azote contenue dans la ration.

VACHE NUMÉROS.	LES 3 PÉRIODES AVEC LES RATIONS LES PLUS AZOTÉES.				LES 3 PÉRIODES AVEC LES RATIONS LES MOINS AZOTÉES.			
	PÉRIODE numéros.	GRAMMES d'azote dans la ration.	GRAMMES D'AZOTE intestinal par hectogr. de matière sèche dans la ration. a	b	PÉRIODE numéros.	GRAMMES d'azote dans la ration.	GRAMMES D'AZOTE intestinal par hectogr. de matière sèche dans la ration. a	b
10 *a*	1	252	0.45	0.38	4	164	0.36	0.32
	2	245	0.42	0 35	5	165	0.35	0.32
	3	243	0.44	0.33	6	185	0.35	0.31
Moyenne...	»	247	0.44	0 35	»	171	0.35	0.32
10 *b*	9	261	0.38	0.35	12	148	0.32	0.25
	10	253	0.41	0.34	13	160	0.31	0.28
	11	247	0.40	0.37	14	141	0.33	0.25
Moyenne...	»	254	0.40	0.35	»	150	0.32	0.26
68 *a*	1	252	0 41	0.32	4	163	0.33	0.27
	2	222	0.41	0.35	5	161	0.39	0.31
	7	197	0.39	0.31	6	181	0.38	0.27
Moyenne...	»	224	0.40	0.33	»	168	0.37	0.28
68 *b*	9 — 10	197	0.36	0.32	8	193	0.38	0.28
	11	197	0.40	0.32	13	158	0.35	0.29
	12	206	0.40	0.35	14	151	0.39	0.33
Moyenne...	»	200	0.39	0.33	»	167	0.37	0.30
23	1	252	0.42	0.37	4	162	0.34	0.32
	2	222	0.43	0.37	5	161	0.37	0.30
	7	199	0.37	0.30	6	182	0.36	0.29
Moyenne...	»	224	0.41	0.35	»	168	0 36	0.30
24	8 — 9	261	0.38	0.33	11	179	0.34	0.33
	10	260	0.38	0.33	12	183	0.33	0.29
	13	190	0.37	0.34	14	178	0.39	0.35
Moyenne...	»	237	0.38	0.33	»	180	0.35	0.32
53	1	251	0.43	0.33	4	161	0 33	0.29
	2	222	0.41	0.32	5	134	0.34	0.28
	7	196	0.36	0.30	6	166	0.35	0.30
Moyenne...	»	223	0.40	0.32	»	154	0.34	0.29
27	8	261	0.37	0.28	12	148	0.31	0.24
	9	220	0.33	0.31	13	157	0.31	0.26
	11	247	0.35	0.31	14	141	0.33	0.27
Moyenne...	»	243	0.35	0.30	»	149	0.32	0.26
53	1	251	0.45	0 38	4	159	0.38	0.31
	2	221	0.44	0.37	5	129	0.35	0.28
	7	199	0.38	0.32	6	165	0.34	0.26
Moyenne...	»	224	0.42	0.36	»	151	0.36	0.28
53*	1	234	0.40	0.36	4	122	0.45	0.39
	2	210	0.36	0.31	5	120	0.43	0.38
	7	184	0.38	0.34	6	125	0.41	0.38
Moyenne...	»	209	0.38	0.34	»	122	0.43	0.38
68*	1	234	0.40	0.34	4	151	0.38	0.32
	2	202	0.38	0.32	5	149	0.38	0.35
	7	199	0.42	0.35	6	185	0.40	0.36
Moyenne...	»	212	0.40	0.34	»	162	0.39	0.34
122	1	234	0.45	0.38	4	112	0.32	0.31
	2	194	0.45	0.43	5	110	0 30	0 28
	7	185	0.38	0.33	6	93	0.28	0.28
Moyenne...	»	204	0.43	0.38	»	106	0.30	0.29

Le côté gauche du tableau XIX concerne les trois périodes à rations les plus riches en azote ; le côté droit, les trois périodes à rations les moins azotées. Dans les colonnes portant l'en tête : *grammes d'azote intestinal par hectogramme de matière sèche*, on a calculé, sous *a*, la quantité d'azote intestinal d'après la fraction totale de l'azote des fèces soluble dans la pepsine chlohydrique (cf. tableau XVI, colonne 9) ; sous *b*, la quantité d'azote intestinal déduction faite de l'azote amidé des fèces (cf. tableau XVI, colonne 12).

Les chiffres placés sous l'en-tête *a* doivent être comparés entre eux ; de même pour les chiffres placés sous l'en-tête *b*. Par exemple, pour la vache n° 10, on trouve à gauche sous *a* les trois chiffres 0,45 — 0,42 — 0,44, moyenne 0,44, qui doivent être comparés avec les trois chiffres de droite placés sous *a* : 0,36 — 0,35, — 0,35, moyenne 0,35. On voit que le *plus faible* des trois chiffres de gauche est *plus élevé* que le *plus grand* des trois chiffres de droite. Autre exemple pour la vache n° 24. On trouve à gauche les chiffres 0,38 — 0,38 — 0,37, moyenne 0,38 et à droite les chiffres 0,34 — 0,33, — 0,39, moyenne 0,35. Cette fois le chiffre moyen de gauche est certainement plus élevé que le chiffre moyen de droite, mais les chiffres isolés *des deux côtés* empiètent les uns sur les autres puisqu'à droite on trouve un chiffre (0,39) plus élevé que les chiffres de gauche. Un examen détaillé montrera que, pour 8 groupes sur 12, le chiffre le plus faible de gauche est plus élevé que le chiffre le plus fort de droite ou est égal à ce dernier ; que, dans 3 cas sur les 12, le chiffre moyen de gauche dépasse ou égale le chiffre moyen de droite, mais que les chiffres isolés empiètent les uns sur les autres ; qu'enfin dans un des cas sur 12 les chiffres de droite sont plus élevés que les chiffres de gauche.

La règle, selon laquelle l'azote intestinal augmente en même temps que la richesse azotée de la ration, a été plus ou moins confirmée par 11 séries d'expériences faites sur 9 vaches et contredite par une série d'expériences exécutées sur une vache.

La seule vache, qui n'obéisse pas à la règle, est le n° 53 de la deuxième année. Est-ce dû à la ration très anormale de cette vache qui recevait entre autres de l'huile de sésame? C'est ce qu'on ne saurait affirmer.

Si nous admettons l'hypothèse que la quantité d'azote intestinal *est proportionnelle* à la fois *à la teneur en matière sèche et en matière azotée de la ration*, on peut, à l'aide des données expérimentales, en vérifier la probabilité et déduire les constantes par lesquelles il faut multiplier d'une part la matière sèche de la ration et d'autre part la teneur azotée de cette dernière pour obtenir l'azote intestinal.

Appelons x la quantité d'azote intestinal par hectogramme de matière sèche dans la ration et y la quantité d'azote intestinal par gramme d'azote dans la ration, on peut, en se basant sur les chiffres du tableau principal 9 (colonnes 16, 3, 9 et 12), établir les équations suivantes :

$$122\,x + 252\,y = 55 \text{ ou } 46$$
$$121\,x + 245\,y = 54 \text{ ou } 42$$

et ainsi de suite : au total, autant d'équations qu'il y a de lignes dans le tableau principal 9, soit en tout 120 équations à deux inconnues.

Il sera cependant plus exact d'éliminer non seulement la vache n° 106, mais aussi le n° 53 de la deuxième année, puisque cette dernière a donné un résultat qui doit être regardé comme anormal. Il faut remarquer d'ailleurs que la différence, à laquelle conduit le calcul qui va suivre, est extrêmement petite, qu'on exclue ou non cette vache.

Il reste donc 106 équations. Si on leur applique la « méthode des moindres carrés », on obtient les deux équations normales suivantes :

$$1.430.708\,x + 2.377.974\,y = 549.845 \text{ ou } 467.737$$
$$2.377.974\,x + 4.134.113\,y = 926.920 \text{ ou } 787.389$$

On en tire les deux « équations transformées » :

$$x + 1,6621\,y = 0,3843 \text{ ou } 0,3269$$
$$y = 0,072 \text{ ou } 0,049$$

ce qui donne $x = 0,265$ ou $0,245$.

Dans les deux cas l'erreur moyenne, $m_x = 0,017$ et $m_y\ 0,010$.

Par conséquent, quand on regarde tout l'azote des fèces soluble dans la pepsine chlorhydrique comme de l'azote intestinal, il doit y avoir, par hectogramme de matière sèche dans la ration, $0,265 \pm 0,017$ d'azote intestinal et, par gramme d'azote dans la ration, $0,072 \pm 0,010$ grammes d'azote intestinal. Quand on déduit l'azote amidé des fèces, il doit y avoir $0,245 \pm 0,017$ d'azote intestinal par hectogr. de matière sèche et $0,049 \pm 0,010$ grammes d'azote intestinal par gramme d'azote dans la ration.

Si l'on calcule sur ces bases l'azote intestinal et qu'on le compare avec les quantités réellement observées, on trouve les moyennes suivantes embrassant 7 périodes pour les vaches isolées :

| | Grammes d'azote intestinal au total : | | | | | |
| | Calculé | | Observé | | Différence | |
Vache N°	a	b	a	b	a	b
10 a.........	48	41	50	42	2	1
b.........	44	37	39	33	5	4
64 a.........	50	42	50	43	0	1
b.........	49	41	47	40	2	1
68 a.........	47	40	47	38	0	2
b.........	46	39	46	38	0	1
23...........	47	40	48	41	1	1
24...........	48	40	45	40	3	0
53...........	46	39	46	37	0	2
27...........	41	35	34	29	7	6
58...........	46	39	48	40	2	1
106...........	53	44	49	41	4	3
53...........	41	35	43	38	2	3
68...........	45	39	48	41	3	2
125...........	51	43	61	52	10	9
122...........	41	36	42	39	1	3
117...........	21	19	50	16	1	3
134...........	22	19	21	20	1	1
Moyenne.....	43,4	36,9	43,8	37,3	2,4	2,4

On voit que, à quelques exceptions près, il y a une bonne concordance pour *a* et *b* entre les valeurs « calculées » et les valeurs « observées ».

Evidemment un tel calcul peut seulement donner des constantes pour le rapport de fait existant entre d'une part la matière sèche et l'azote de la ration et d'autre part la quantité d'azote intestinal. Mais, par ce moyen, on ne peut rien déduire concernant la raison pour laquelle la quantité d'azote intestinale est plus grande avec une ration riche en azote qu'avec une ration pauvre en azote et d'égale teneur en matière sèche. Comme la base qui sert à la détermination de l'azote intestinal est ici la solubilité des fèces dans la pepsine chlorhydrique, il n'est pas impossible que l'on ait affaire à un phénomène chimique, dû entre autres à la solubilité plus ou moins grande des résidus de la ration que les vaches éliminent dans les fèces lorsqu'elles reçoivent une nourriture différente.

VIII. — Rations à minimum d'azote.

Des expériences exécutées pendant deux années par le Laboratoire sur la question du minimum nécessaire d'albuminoïdes dans la ration des vaches laitières, il est non seulement résulté que les limites du minimum sont peu élevées, mais encore que *dans la pratique on doit se garder de descendre au-dessous de ces limites*, puisqu'en pareil cas on nuirait à la *production laitière des vaches* et à *la qualité du beurre* (voir le 60ᵉ rapport, page 112). On doit, même dans la pratique, veiller à ne pas s'approcher des limites au point que les variations fortuites de la composition des aliments et du lait puissent conduire au-dessous.

On ne peut en effet rien dire de *général* sur la position de ces limites (voir 60ᵉ rapport, pages 68-70.) D'une part les diverses vaches ne digèrent pas également une même ration et d'autre part leur lait a une composition variable, par exemple ce qui concerne la teneur en azote. La limite minima valable pour une vache ne s'applique pas à une autre. En outre, dans la pratique, il serait à peine possible de contrôler la composition des aliments et leur digestibilité dans la mesure où cela serait nécessaire pour établir un bilan de l'azote, permettant de maintenir les vaches au minimum. Cela entraînerait en tous cas une telle quantité d'analyses des aliments, de l'urine, des fèces et du lait, de tels soins et de telles difficultés dans la distribution des aliments, que ce serait inapplicable, même d'une manière approchée, dans la pratique. Si d'autre part on voulait mettre au minimum un troupeau en se basant sur les *analyses moyennes*, l'aptitude différente des vaches à tirer parti de la ration ferait qu'au bout de peu temps la moitié environ du troupeau se trouverait au dessus du minimum et l'autre moitié au-dessous. De tout cela résulte que *dans la pratique on doit se tenir un peu au-dessus du minimum*.

Alors même qu'il serait réellement possible de maintenir les vaches au minimum sans descendre au-dessous de la limite, dans la règle une telle façon de faire *ne serait pas économique*, non seulement en raison des dépenses d'analyses, de l'augmentation de la main-d'œuvre, etc., mais encore parce qu'elle ne permettrait pas une *utilisation avantageuse des aliments*. Quand il s'agit de déterminer la ration, de savoir par conséquent quelque quantité des divers aliments l'on doit employer, la chose essentielle est d'avoir égard *aux aliments disponibles récoltés sur la ferme* et en particulier *aux racines*. La récolte des racines est sujette à de fortes oscillations, non seulement d'une exploitation à l'autre, mais aussi d'une année à l'autre sur la même exploitation. Les rations ne peuvent donc être les mêmes pour les différents troupeaux; elles ne peuvent être les mêmes non plus pour un même troupeau d'une année à l'autre. En ce qui concerne les *denrées alimentaires achetées au dehors*, les prix varient souvent à tel point qu'il peut être avantageux à un moment donné de donner aux vaches une quantité de tourteaux supérieure à celle qui est strictement nécessaire. En pareil cas il serait tout à fait absurde — pour obéir à tel ou tel modèle de ration — de laisser échapper l'avantage qui en découlerait.

Alors même qu'il serait possible d'indiquer une ration, qui au point de vue physiologique fournirait un meilleur rendement que d'autres, il ne serait pas possible de régler la récolte ou les prix de telle façon qu'ils s'adaptent à la ration « la meilleure ». On subirait une perte économique en voulant suivre cette dernière. Autrement dit, la ration-modèle que beaucoup cherchent et désirent ne serait qu'un coûteux oreiller!

Ce qui surtout importe dans le rationnement des vaches laitières, c'est *de composer la ration d'après la récolte et d'éviter, à l'aide d'aliments achetés au dehors, de tomber au-dessous du minimum nécessaire d'albuminoïdes.*

Partant de ce point de vue capital et nous basant sur cette proposition que le minimum d'albuminoïdes dans la ration des vaches laitières correspond aux quantités d'azote albuminoïde qui passent dans les fèces et le lait, nous allons montrer, comment on peut très facilement calculer des rations qui 1° donnent, non pas le minimum extrême auquel on pourrait peut-être descendre grâce aux frais signalés d'analyses et de main-d'œuvre, mais un *minimum, auquel on peut vraiment descendre dans la pratique,* quand les circonstances le réclament par ailleurs, et qui 2° *peuvent être facilement modifiées d'après la récolte et d'après les prix des aliments.* Nous allons tout d'abord faire ces calculs d'une façon purement schématique et en suite y ajouter quelques éclaircissements.

Pour commencer, admettons qu'une vache donne 20 kilgr. de lait par jour et essayons de lui donner une ration dont la grandeur, exprimée en unités alimentaires à l'aide des équivalents de Fjord, s'élève à 22 unités alimentaires (U. A.)

Si le lait renferme 3 °/₀ de matières albuminoïdes, on trouvera dans le lait journalier de la vache $20,000 \times 0,03 = 600$ grammes d'albuminoïdes. Comme dans le lait 6,37 parties d'albuminoïdes correspondent à 1 partie d'azote, les 600 grammes d'albuminoïdes contiendront $600 : 6,37 = 94$ grammes d'azote albuminoïde.

Conformément à ce qu'on a trouvé dans le 60ᵉ rapport (page 38 de l'original danois), on peut compter 2ᵍʳ,5 d'azote intestinal par unité alimentaire. Les 22 unités alimentaires exigeront par suite $22 \times 2,5 = 55$ grammes d'azote intestinal. Ces $94 + 55 = 149$ grammes d'azote devront être couverts par l'azote albuminoïde « digestible », c'est-à-dire « soluble » (1) de la ration.

---

(1) Par « soluble » on entend dans ce qui va suivre : « soluble dans la pepsine chlorhydrique », comme cela a été le cas dans nos expériences.

Admettons provisoirement une ration disponible récoltée sur la ferme de 50 kilogr. de betteraves, $2^{kg},5$ de foin et paille « à volonté ». Dans 100 kilogr. des betteraves utilisées l'année dernière à Bregentved, il y avait 44 grammes d'azote albuminoïde soluble et dans 1 kilogr. de foin, 6 grammes. Cela fait 22 grammes pour 50 kilogr. de betteraves et 15 grammes pour 2^{kg} de foin, au total 37 grammes d'azote albuminoïde pour couvrir les 149 grammes indiqués plus haut. Reste donc $149 \times 37 = 112$ grammes à couvrir à l'aide de tourteaux oléagineux.

Dans 1 kilogr. de tourteau de coton, employé dans nos expériences de l'année dernière, il y avait environ 50 grammes d'azote albuminoïde soluble. Il faudra donc faire entrer dans la ration $112 : 50 = 2^{kg},25$ de tourteau de coton. La ration minima pour 20 kilogr. de lait est donc : $2^{kg},25$ tourteau de coton, 50 kilogr. de betteraves, $2^{kg},5$ de foin et paille à volonté, en tout 22 unités alimentaires environ avec une relation nutritive (1) d'environ 1 : 6,5.

Si, pour une vache fournissant 15 kilogr. de lait par jour, on essaie de donner une ration renfermant 20 unités alimentaires, et qu'on suppose la même ration disponible que tout à l'heure, le calcul présenté schématiquement est le suivant :

15 kg. de lait $= 450$ gr. albuminoïdes $= 450 : 6,37 = 71$ gr. d'azote albuminoïde
  20 unités alimentaires à $2^{gr},5$ d'azote intestinal $= 50$ —   —

Total................ 121 gr. —   —

Dans 50^{kg} de betteraves à 0,44 d'az. albumin. soluble $= 22$ gr. d'azote albuminoïde
Dans $2^{kg},5$ de foin   à 6 gr.   —   — $= 15$ —   —
Paille à volonté   —   —   —   —   —

Total................ 37 gr. —   —

Reste $121 - 37 = 84$ grammes d'azote albuminoïde à couvrir. Il faudra employer $84 : 50 = 1^{kg},666$ de tourteau de coton renfermant 50 grammes d'azote albuminoïde soluble par kilogr. La ration minima devient : $1^{kg},666$ de tourteau de coton, 50 kilogr. de racines, $2^{kg},5$ de foin et paille à volonté, au total environ 20 unités alimentaires avec une relation nutritive d'environ 1 : 7,5.

Si, pour une vache donnant 10 kilogr. de lait par jour, nous employons une ration contenant 18 unités alimentaires avec la même ration disponible récoltée sur la ferme que tout à l'heure, le calcul est le suivant :

10 kg. de lait $= 300$ gr. albuminoïde $= 300 : 6,37 = 47$ gr. d'azote albuminoïde
  18 unités alimentaires à $2^{gr},5$ d'azote intestinal $= 45$ —   —

Total................ 92 gr. —   —

Dans la ration disponible (comme ci-dessus)....... 37 gr. d'azote albuminoïde

Reste 92—37.............. 55 gr. —   —

Il faudra faire entrer dans la ration $55 : 50 = 1^{kg},1$ de tourteau de coton,

---

(1) Relation nutritive, calculée à la manière danoise. (N. d. T.)

et la ration minima deviendra : 1^{kg}, 1 tourteau de coton, 50 kilogr. de betteraves, 2^{kg},5 de foin de pré et paille à volonté : au total environ 18 unités alimentaires avec une relation nutritive d'environ 1 : 9.

Pour 5 kilogr. de lait par jour et par vache, on calculerait de même une ration minima de : 0^{kg},5 tourteau de coton, 50 kilogr. de betteraves, 2^{kg}, 5 foin et paille à volonté, au total environ 16 unités alimentaires avec une relation nutritive d'environ 1 : 11.5. Pour les vaches sèches on trouverait : 50 kilogr. de betteraves, 2^{kg}, 5 de foin et paille à volonté, au total environ 14 unités alimentaires avec une relation nutritive d'environ 1 : 15.

A ces calculs, nous ajouterons les remarques suivantes :

1. On a admis que le lait renfermait 3 °/₀ d'albuminoïdes. Le laboratoire au cours de ses expériences a fait de nombreuses analyses du lait de vaches danoises ; en examinant les données publiées dans les rapports, on voit que ce chiffre de 3 °/₀ correspond à peu près à la moyenne et en même temps que la teneur du lait en albuminoïdes dépasse rarement 3,25°/₀. Une différence de la teneur en albuminoïde de 0,25 °/₀ entraîne une différence de 4 grammes d'azote albuminoïde, soit, pour les trois calculs de rations effectués plus haut, de 8, 6 et 4 grammes d'azote. Mais alors même que, dans certains cas, le lait renfermerait un peu plus d'azote qu'on ne l'a supposé, les rations calculées ne tomberaient pas au-dessous du minimum. On a introduit en effet dans les calculs deux « tampons » pour compenser de légères variations. Tout d'abord on voit qu'on n'a pas compté l'azote de la *paille*. Il est difficile d'apprécier cet azote, parce que dans la pratique on donne le plus souvent la paille à volonté, par conséquent en quantité très variable. Comme 1 kilogr. de paille renferme cependant environ 2 grammes d'azote albuminoïde soluble, la plus grande des différences indiquées plus haut sera couverte si les vaches consomment 4 kilogr. de paille par jour. L'autre « tampon » est dû à ce que la quantité d'azote intestinal à couvrir a été appréciée d'après les chiffres qui proviennent du traitement des *fèces* par la pepsine chlorhydrique, tandis que la quantité d'azote albuminoïde qui doit couvrir l'azote intestinal a été trouvée en traitant les *aliments*. Or, d'après le tableau XVI, le premier traitement donne un chiffre plus élevé que le second, de sorte que l'on a calculé la dépense relativement trop grande et la recette relativement trop faible.

En ce qui concerne le lait des vaches danoises, les calculs se maintiennent du côté sûr, même si l'on admet la teneur moyenne de 3 °/₀ d'albuminoïde = 0, 47 °/₀ d'azote albuminoïde.

2. Les chiffres concernant la *teneur des aliments en azote albuminoïde soluble* et qui ont été utilisés dans les calculs précédents proviennent des analyses faites l'année dernière à propos des expériences de Bregentved. Si l'on veut faire des calculs semblables dans la pratique, il convient d'utiliser des chiffres s'appliquant aux aliments réellement employés.

Pour voir néanmoins comment les aliments utilisés dans nos expériences se comportaient vis à vis des autres aliments semblables en ce qui concerne la teneur en azote soluble, le laboratoire a traité par la pepsine chlorhydrique une série d'échantillons de graines et de fourrages qui lui ont été fournis en partie par les autres fermes servant à ses expériences, en partie par la société Frejr, de Copenhague. Les résultats des analyses sont inscrits dans le tableau principal 10.

Les 3 premières colonnes donnent la teneur centésimale des aliments en azote soluble, azote albuminoïde et azote amidé. Les deux colonnes suivantes indiquent le nombre de grammes d'azote soluble par kilogr. d'aliments ; enfin la dernière colonne, la proportion °/₀ d'azote soluble.

Si on jette un coup d'œil sur les chiffres du tableau principal 10 qui indiquent le nombre de grammes d'azote soluble par kilogr. de racines, on voit que le chiffre 0,44 utilisé dans les comptes ci-dessus fait partie des plus faibles. Les chiffres oscillent en effet entre 0,55 et 0,43 et en moyenne 0,48. Le chiffre correspondant, 6, utilisé pour le foin est par contre à peu près égal à la moyenne 5,8 (Max. 6, 8 — Min. 4, 4). Il est très probable que dans la pratique on sera sur un terrain solide en s'en tenant aux chiffres que nous avons employés pour les aliments récoltés sur la ferme. Il ne sera donc pas nécessaire dans la règle de se procurer les chiffres indiquant l'azote albuminoïde soluble dans les racines, le foin et la paille. L'effet des variations que pourrait présenter cet azote sera vraisemblablement compensé par les « tampons » signalés plus haut, quand on emploiera le chiffre 0, 44 pour les racines.

Il en est autrement pour les tourteaux oléagineux. Les variations dans la teneur en azote albuminoïde digestible sont si grandes non seulement dans les espèces différentes de tourteaux, mais dans les tourteaux de même espèce, qu'il faut dans chaque cas particulier employer les chiffres qui concernent le tourteau réellement utilisé. Par exemple le tourteau de coton de Rosvang contenait par kilo 59 grammes d'azote soluble, celui de Tranekjœr seulement 43 grammes, soit une différence de 16 grammes par kilo dans ces deux sortes de tourteau de coton. Pour la ration minima correspondant à 20 kilogr. de lait et qui contenait 2ᵏᵍ, 25 de tourteau de coton, cela fait une différence qui n'est pas inférieure à 36 grammes d'azote albuminoïde soluble. Pendant qu'il faudrait faire entrer dans cette ration à peine 2 kilogr. de tourteau, si l'on utilisait le tourteau de coton de Rosvang, il en faudrait plus de 2ᵏᵍ, 5 de celui de Tranekjœr.

3. Les rations calculées ne *doivent pas être considérées comme des « modèles de rations »*, mais comme des calculs qui indiquent où se trouve le minimum d'azote, exprimé en kilogr. d'aliments au lieu de grammes d'azote albuminoïde et qui peuvent être utilisés comme *comme points de repère*, permettant facilement de parvenir à la ration la plus avantageuse au moment considéré. Si la récolte fournit 50 kilogr. de racines, par jour et par vache, rien n'empêche, en *ce qui concerne le minimum d'albuminoïdes*, d'employer les rations minima calculées telles qu'on les a indiquées ci-dessus. Comme elles correspondent au minimum d'albuminoïde, on ne peut pas les modifier en remplaçant les tourteaux par des racines, mais par contre on peut le faire en remplaçant les racines par des tourteaux. Et on procédera de cette façon dans la mesure qui permettra d'obtenir le résultat économique le plus favorable, en ayant égard d'une part aux aliments disponibles récoltés sur la ferme et d'autre part aux prix des aliments concentrés.

Pour ces substitutions, on utilise les *équivalents* de Fjord, en admettant que pour les tourteaux les plus azotés, tels que celui de coton et de tournesol, 2/3 de kilogr. de tourteau = 1 kilogr. de matière sèche de racines. Si les racines ont une teneur en matière sèche de 12 °/₀, comme celles employées l'année dernière à Bregentved, on peut en remplacer 8ᵏᵍ,333 par 2/3 de kilo de tourteau de coton, soit, en nombres entiers, 25 kilogr. par 2 kilogr. de tourteau (1).

Si l'on n'a pas à sa disposition les 50 kilogr. de racines supposés par vache et par jour, la *ration minima est modifiée d'après les équivalents de Fjord, en l'élevant au-dessus du minimum d'azote.* Il en est de même si, en raison des prix des aliments concentrés, on trouve avantage à employer une quantité de tourteaux supérieure à celle qui correspond au minimum. Si l'on veut par contre donner une *quantité de racines supérieure* à 50 kilogr. par tête et par jour, le plus prudent sera de le faire en ajoutant le *supplément* de racines à la ration minima sans diminuer la quantité de tourteau, ou bien en réduisant la quantité de foin. Plus la quantité de racines sera grande et plus il sera nécessaire de les *nettoyer* et de les *réchauffer* avant leur utilisation (voir 60e rapport, page 52).

Si par avance on a donné une quantité de tourteaux plus grande et une quantité de racines plus petite que cela n'est indiqué dans les rations minima, si par conséquent on a employé une ration qui est bien au-dessus du minimum, on pourra, si on le trouve convenable, modifier de telles rations, en se rapprochant du minimum d'azote par la substitution de racines au tourteau dans les proportions ci-dessus indiquées. Mais, bien entendu, il faut tout d'abord calculer, d'après la méthode indiquée, où se trouve la limite minima au-dessous de laquelle on ne doit pas descendre.

4. Il résulte de ce qui précède que *pour calculer les rations minima on n'a besoin que d'une seule donnée analytique,* à savoir le dosage de *l'azote albuminoïde soluble dans les tourteaux.* De même pour *modifier les rations au*-dessus du minimum, on n'a besoin que d'une seule donnée analytique, à savoir le dosage de *la matière sèche des racines.* Le dosage des *autres principes constituants des aliments* est inutile; il en est ainsi en particulier de *l'azote amidé.* Si l'on emploie en effet seulement 23 à 25 kilogr. de betteraves par jour et par vache, la ration renfermera toujours assez d'azote amidé pour faire face aux besoins d'azote rénal, de telle sorte que la quantité totale d'azote albuminoïde de la ration restera disponible pour les fonctions qui réclament ce dernier et auxquelles l'azote amidé ne peut servir, comme on l'a démontré plus haut. *L'azote urinaire* disparaît complètement des calculs de rations et, en ce qui concerne la *teneur en énergie de l'urine,* elle si faible, comme le montre le tableau principal 8, qu'on peut en faire abstraction ; elle ne dépasse guère 2 °/₀ de l'énergie totale de la ration. On n'a pas besoin non plus de la *relation nutritive.* Les expériences n'ont-elles pas nettement démontré que si la ration est *au-dessus* du minimum d'albuminoïdes, les racines et les tourteaux oléagineux par exemple, malgré toutes leurs différences, sont à considérer seulement comme deux espèces de « combustibles » susceptibles de se remplacer l'un l'autre d'après les équivalents de Fjord? Les quantités de l'un ou de l'autre de ces deux aliments qu'on fera entrer dans la ration dépendront seulement des conditions économiques au moment donné, pourvu qu'on maintienne les rations au-dessus du minimum d'albuminoïdes et qu'on

---

(1) Si nous parlons ici et dans ce qui précède seulement du tourteau de coton, c'est que nous avons employé une seule espèce de tourteau, celui de coton, dans les expériences de Bregenved de façon à réduire au minimum les sources d'erreur. Dans la pratique, il vaut certainement beaucoup mieux employer un mélange de plusieurs espèces de tourteaux.

ne descende pas au-dessous d'une relation nutritive de 1 : 4,5 (cf. le 53ᵉ rapport du Laboratoire), ce dont il ne peut guère être question avec l'alimentation riche en racines qu'on emploie maintenant partout.

5. Dans les calculs de rations, on ne s'est occupé, en ce qui concerne les *fèces*, que de leur teneur en *azote intestinal*, par conséquent en azote albuminoïde soluble. Mais bien entendu les fèces renferment aussi les résidus non digestibles de la ration. Comme ceux-ci sont les mêmes dans la ration que dans les fèces, on peut les laisser de côté à la fois dans les dépenses (fèces) et les recettes (aliments). Il n'y a donc nullement besoin de calculer à l'aide des *coefficients de digestibilité*. Si l'on entend cependant par coefficients de digestibilité les chiffres donnant le pourcentage d'azote albuminoïde de la ration soluble dans la pepsine chlorhydrique, les coefficients de digestibilité se fondent avec les chiffres employés dans les calculs pour indiquer le nombre de grammes d'azote albuminoïde soluble par kilo d'aliment. On arrivera donc au même résultat en introduisant dans les calculs le chiffre de la dernière colonne du tableau principal 10 qu'en employant le chiffre correspondant au nombre de grammes d'azote albuminoïde par kilo d'aliment. Par contre, les coefficients de digestibilité trouvés par les expériences directes sur l'animal — et ce sont surtout ces coefficients qu'on désigne par l'expression, « coefficients de digestibilité — sont soumis à de telles variations et entachés de telles erreurs qu'ils sont sans utilité pour la pratique agricole. On s'en tient en effet aux coefficients moyens qui ne concernent ni les animaux, ni les aliments auxquels on les applique réellement. Dans la pratique il sera par contre relativement facile, dans chaque cas particulier, de fournir le coefficient de solubilité dans la pepsine chlorhydrique pour les aliments qui réellement seront employés; le 60ᵉ rapport a d'ailleurs montré que ces derniers coefficients concordent très bien avec ce que les vaches digèrent en réalité.

6. Pour fournir une vue d'ensemble sur la façon dont se comportent les divers aliments en ce qui concerne l'azote soluble, on a rassemblé dans le tableau XX les chiffres moyens du tableau principal 10.

TABLEAU

Tableau XX. — Solubilité des divers aliments dans la pepsine chlorhydrique.

ALIMENTS.	TENEUR % EN AZOTE		GRAMMES D'AZOTE SOLUBLES dans 1 kg. d'aliment		SOLUBLES SUR 100 GRAMMES D'AZOTE		NOMBRE d'expé- riences.
	TOTAL.	ALBUMI- NOÏDE.	azote total.	azote albu- minoïde.	total.	albu- minoïde.	
Tourteau de coton.....	6.590	6.384	53.6	51.3	81	80	8
Tourteau de tournesol.	5.939	5.770	53.0	51.3	90	89	4
Tourteau d'arachide...	7.775	7.459	71 9	68.7	92	92	4
Tourteau de sésame...	6.842	6.678	62.7	61.1	92	92	2
Tourteau de colza.....	5.285	4 879	46.1	42.0	87	86	1
Tourteau de palme....	2.482	2.438	21.0	20.5	85	84	1
Tourteau de lin.......	5.200	5.080	47.9	46.7	92	92	1
Tourteau de chènevis..	5.194	4.939	41.8	39.2	80	79	1
Tourteau de coprah...	3.300	3.132	30.0	28.4	91	91	1
Tourteau de coton (Bombay)................	3.230	3.140	23.9	23.0	74	73	1
Son de blé............	2.645	2.451	23.4	21.5	88	87	2
Blé.....	1.706	1.552	14.8	13.3	87	86	1
Seigle................	1.734	1.592	15.8	14.4	91	90	1
Orge.................	2.361	2.220	18.3	16.9	78	76	1
Avoine	1.450	1.332	13.0	11.8	90	89	1
Pois.................	3.900	3.510	35.7	31.8	92	91	1
Féverole.............	4.397	3.997	40.5	36.5	92	91	1
Maïs.................	1.450	1.405	8. ·	8.2	59	58	1
Betterave (Barres).....	0.139	0.066	1.21	0.48	87	73	7
Rutabagas............	0.157	0.097	1.44	0.85	92	61	2
Navets	0.138	0.065	1.27	0.54	92	83	1
Betteraves de sucrerie..	0.145	0.095	1.17	0.67	81	71	1
Pulpes de sucrerie....	0.142	0.141	0.98	0.97	69	69	2
Foin.................	1.246	1.042	7.8	5.8	63	55	9
Paille...............	0.569	0.480	3.1	2.2	54	45	10
Trefle en vert........	0.455	0.361	3.63	2.69	80	75	1
Seigle en vert........	0.301	0.202	2.42	1.43	80	71	1
Luzerne en vert.......	2.313	1.645	17.92	11.24	77	68	2

A titre d'exemple nous allons maintenant indiquer comment on peut établir une ration minima, analogue à celles calculées tout à l'heure, mais avec d'autres aliments que les tourteaux, les racines, le foin et la paille. Nous admettrons pour ces aliments la composition donnée dans le tableau XX. Prenons l'exemple correspondant à un rendement de 15 kilogr. de lait et à une ration de 20 unités alimentaires, on a à utiliser comme aliments disponibles récoltés sur la ferme : 15 kilogr. de rutabagas, 30 kilogr. de betteraves fourragères, $0^{kg},5$ de grains de céréales (1) (orge et avoine mélangés), 2 kilogr. de foin et de la paille à volonté. Nous avons :

15 kg. de lait = 450 gr. albuminoïdes = 450 : 6,37 = 71 gr. d'azote albuminoïde.
20 unités alimentaires à $2^{gr},5$ d'azote intestinal = 50   —   —

Total............... 121 gr.   —   —

---

(1) En général, il ne sera sans doute pas avantageux d'employer de graines de céréales pour l'alimentation des vaches laitières; cela se fait cependant encore assez souvent.

Dans la ration consommée :

15 kg. rutabagas à 0,85.....................	= 13 gr.	azote albuminoïde soluble.
30 kg. betteraves fourragères à 0gr,44.......	= 13	— —
0kg,5 graines de céréales à 14 gr.	= 7	— —
2 kg. de foin à 6 gr......................	= 12	— —
Paille à volonté		
	45 gr.	— —

Restent 121 — 45 = 76 grammes d'azote albuminoïde qui doivent être couverts par les aliments achetés. Si nous utilisons un mélange à parties égales de tourteau de coton (à 51 grammes d'azote albuminoïde soluble par kilo), de tourteau de tournesol (à 51 grammes) et de son de blé (à 22 grammes), 1 kilo de ce mélange renferme (151 + 51 + 22) : 3 = 41 grammes d'azote albuminoïde soluble par kilo. Il faudra donc en employer 76 : 41 = environ 2 kilos. La ration complète devient : 2/3 kilogr. tourteau de coton, 2/3 kilogr. tourteau de tournesol, 2/3 kilogr. son de blé, 1/2 kilogr. de graines de céréales, 30 kilogr. de betteraves fourragères, 15 kilogr. de rutabagas, 2 kilogr. foin et de la paille à volonté, en tout 20 unités nutritives environ. Cette ration peut être maintenant modifiée en dépassant le minimum et en se basant comme il a été indiqué plus haut sur les équivalents de Fjord. Ce calcul a été donné seulement à titre d'exemple en partant des chiffres du tableau XX ; mais ceux-ci peuvent présenter de fortes variations, ainsi qu'il ressort du tableau principal 10.

7. En ce qui concerne la *grandeur de la ration*, choisie pour les calculs ci-dessus, il convient de faire les remarques suivantes :

Le laboratoire a exécuté quelques expériences, non encore publiées, concernant l'influence de rations de *même composition, mais de grandeur différente*, sur le rendement en lait. En moyenne de 21 expériences sur 6 exploitations pendant deux années, on a obtenu les résultats que voici :

	Lot A.	Lot B.	Lot C.
Nombre d'unités alimentaires par jour et 10 vaches...	152	177	204
Kilogrammes de lait par jour et 10 vaches...........	112	121	131
Nombre d'unités alimentaires pour 100 kg. de lait.....	136	146	156
Kilogrammes de lait obtenu pour 100 unités alimentaires.	74	68	64

Les deux premières lignes de ce tableau montrent que, si la grandeur de la ration augmente, le rendement en lait s'élève aussi. Cette élévation ne peut être due qu'à la grandeur de la ration ; la ration était composée de même pour les trois lots équivalents qui, dans une période préparatoire, avaient fourni un même rendement en lait. L'augmentation du rendement en lait, obtenue par un supplément de ration, ne peut naturellement se produire que jusqu'à une certaine limite, déterminée par l'aptitude laitière des vaches. Mais dans les limites où se sont tenus les essais, on voit que cette augmentation est très régulière ; l'augmentation de la grandeur de la ration est la même de A à B et de B à C ; on observe la même chose pour l'augmentation du rendement en lait.

Mais on voit, par les deux dernières lignes du tableau, *que le lait est devenu de plus en plus cher à produire, à mesure que le rendement en lait a augmenté avec la nourriture plus forte*. Le lot A n'a, en effet, dépensé que

136 unités alimentaires pour 100 litres de lait tandis que B en a dépensé 146 et C 156. Ainsi A a pu livrer 74 kilogr. de lait par 100 unités alimentaires, B 68 et C seulement 64. Si les frais de production du lait s'élèvent avec l'augmentation de la nourriture il y aura une limite économique concernant la grandeur de la ration. Mais la position de cette limite ne peut être fixée d'une façon générale, car elle dépend du rapport existant entre le prix de la ration et le prix du lait. Pour un prix donné de la ration, la limite sera plus élevée si le lait rapporte par exemple 10 öre par kilogr., que s'il rapporte seulement 8 öre (1). De même, pour un prix donné du lait, la limite sera d'autant plus élevée que la ration sera moins coûteuse. *Le supplément de lait qu'on obtient grâce à une plus forte alimentation n'est pas en lui-même une preuve que l'alimentation est économique.*

D'autre part on voit que *plus la ration est faible* et plus *le lait est produit économiquement.* Mais ici il faut en outre considérer que le *rendement en lait devient de plus en plus faible, à mesure que l'on réduit la ration.* Et il ne sert de rien de produire le lait à très bas prix, si la quantité obtenue n'est pas *suffisante* pour faire largement face aux autres dépenses qu'entraîne l'entretien du troupeau et qui doivent être couvertes avant qu'il reste quelque chose pour les dépenses de nourriture. La production à *bon marché du lait par une alimentation faible n'est donc pas en elle-même, non plus, une preuve que l'alimentation est économique.*

D'ailleurs les différentes vaches et de même les différents troupeaux ne peuvent utiliser également une ration d'une grandeur donnée. En outre, des circonstances extérieures, le froid de l'hiver par exemple, peuvent nécessiter une ration de grandeur différente suivant l'époque, alors même que la production est la même. *On ne peut donc pas formuler de règle générale concernant le taux de la ration.* Ce taux dépend tout à fait des circonstances nombreuses dont il faut tenir compte au moment considéré.

Si nous avons choisi les taux de ration indiqués dans les calculs, à savoir 22 unités alimentaires par tête et par jour pour 20 kilogr. de lait, 20 unités alimentaires par tête et par jour pour 15 kilogr. de lait, etc., nous l'avons fait *en vue d'une utilisation complète des albuminoïdes à la limite minima.* Ainsi qu'on l'a dit à plusieurs reprises dans les précédents chapitres et qu'il résulte des expériences, les vaches ne peuvent disposer librement d'une quantité minima d'albuminoïdes présente dans leur ration, pour les fonctions qui réclament de l'azote albuminoïde, que si la ration est riche en « combustible » capable de couvrir les autres fonctions. On peut obtenir ce résultat avec les taux de ration choisis, comme le prouvent les expériences de Bregentved.

Si ces *taux* de ration sont arbitrairement choisis, il n'en est plus de même en ce qui concerne la *différence* entre les trois taux adoptés. Cette différence peut en effet être calculée avec une grande sûreté à l'aide du nombre de calories indiqué dans le tableau principal 8. D'après ce tableau, quand le rendement en lait est d'environ 20 kilogr. (n° 125 pendant la 3ᵉ période et n° 68 pendant la 1ʳᵉ période), la teneur en énergie (calories) s'élève à environ 1/4 de la teneur totale de la ration en calories. De même quand le rendement en lait est de 15 kilogr. sa teneur en énergie s'élève

---

(1) L'öre vaut 1 cent. 4 de notre monnaie. (N. d. T.)

environ à 1/5 de celle de la ration. Si la ration doit varier avec le rendement en lait, seule doit varier la *fraction* de cette ration qui concerne le lait, par conséquent, dans les deux cas indiqués, le 1/4 et le 1/5. Toutefois, quand le taux de la ration change, il se produit aussi une modification dans la quantité de calories *des fèces*, puisque celle-ci est dans tous les cas très constamment égale à environ 1/3 de la teneur totale de la ration en calories. Aussi est-il nécessaire de rapporter les 1/4 et 1/5 cités à l'instant à cette partie de l'énergie de la ration qui *ne passe pas* dans les fèces ; il faut donc multiplier ces chiffres par 3/2. La différence dans les rendements en lait étant, pour les trois rations calculées, supposée de 5 kilogr., par conséquent de 5/20 et de 5/15 de la quantité totale de lait, on doit calculer la différence de taux de la ration de la façon suivante :

De 20 à 15 kg. de lait : $22 \times \dfrac{1}{4} \times \dfrac{3}{2} \times \dfrac{5}{20} = 330 : 160 =$ environ 2 unités alimentaires

De 15 à 10 kg. de lait : $20 \times \dfrac{1}{5} \times \dfrac{3}{2} \times \dfrac{5}{15} = 300 : 150 =$ environ 2 unités alimentaires

Si le rendement en lait descend encore, on voit par le tableau principal 8 que, pour 10^{kg} de lait environ, la teneur en calories de ce lait s'élève à environ 1/7 de celle de la ration totale et le calcul précédent devient de 10 à 5 kilogr.

de lait : $18 \times \dfrac{1}{7} \times \dfrac{3}{2} \times \dfrac{5}{10} = 270 : 140 =$ environ 2 unités alimentaires.

On peut donc admettre d'après cela qu'une différence de 5^{kg} de lait nécessitera une différence de 2 unités alimentaires dans le taux de la ration, soit 1 unité alimentaire pour $2^{kg}5$ de lait.

Toutefois, si l'on calcule avec cette différence quand on établit *dès l'abord* la ration des vaches d'après le rendement, ce n'est pas la même chose que si, la ration une fois établie, l'on abaisse cette ration, aussitôt que le rendement en lait diminue. On peut mettre la chose en lumière en se basant sur une série d'expériences entreprises par le Laboratoire et non encore publiée. Ces expériences ont montré qu'il *ne faut pas se hâter de diminuer la ration dès que s'abaisse le rendement en lait*. Sinon on assiste aisément à une sorte de course entre la ration et le rendement en lait, jusqu'à ce que celui-ci s'abaisse à 0. C'est seulement quand, *longtemps après le vêlage*, le rendement en lait a sensiblement diminué, que l'on peut réduire un peu la ration, mais il faut faire cette réduction plutôt trop faible que trop forte, par exemple d'une unité alimentaire par 5 kilogr. de lait, soit une réduction moitié moindre que celle calculée plus haut.

Pour montrer la base sur laquelle repose *l'équivalent comparé des racines et des tourteaux* indiqué ci-dessus sous la rubrique 3, nous donnons un extrait des résultats obtenus dans une série d'expériences entreprises à ce sujet sur trois fermes (Rosenfeldt, Wedellsborg et Rosvang).

Sur chaque ferme, on forma à la manière habituelle deux lots de vaches équivalents, dont la ration et le rendement sont indiqués dans le tableau XXI.

Tableau

Tableau XXI. — Equivalents pour les tourteaux et les racines.

PÉRIODES.	LOTS.	KILOGRAMMES D'ALIMENTS PAR JOUR ET PAR VACHE				NOMBRE d'unités alimentaires.	LA RATION RENFERMAIT KILOGRAMMES			RELATION NUTRITIVE.
		TOURTEAUX.	RACINES et matière sèche.	FOIN.	PAILLE.		ALBUMINOÏDES.	MATIÈRES grasses.	MATIÈRES hydro-carbonées.	
Période préparatoire.........	A	2.50	34.5 — 3.9	3.0	4.5	19.5	1.40	0.34	6.60	1 : 5.3
(56 jours)...............	B	2.50	34.5 — 3.9	3.0	4.5	19.5	1.40	0.34	6.60	1 : 5.3
Période d'essai.............	A	2.68	30.0 — 3.40	2.8	4.4	18.8	1.42	0.34	6.16	1 : 4.9
(98 jours)...............	B	1.65	43.0 — 4.95	2.8	4.3	18.8	1.07	0.26	7.07	1 : 7.1
Période finale.............	A		Vaches dehors au pâturage			»	»	»	»	»
(56 jours)...............	B					»	»	»	»	»

PÉRIODES.	LOTS.	KILOGRAMMES de lait par jour et par vache.	LE LAIT RENFERMAIT						POIDS VIF. KILOGR.
			ALBUMINOÏDES %.	MATIÈRE grasse %.	LACTOSE %.	CENDRES %.	EAU %.	GRAMMES DE matière grasse.	
Période préparatoire.........	A	15.95	3.01	3.18	4.95	0.77	88.09	507	469
(56 jours)...............	B	15.95	3.01	3.17	4.97	0.76	88.09	506	470
Période d'essai.............	A	12 90	3.07	3.14	4.94	0.75	88.10	405	468
(98 jours)...............	B	12.80	3 06	3.21	4 96	0.75	88.02	411	467
Période finale.............	A	11.55	»	3.26	»	»	87.80	377	454
(56 jours)...............	B	11.95	»	3.24	»	»	87.72	399	449

On voit par ce tableau que la ration et le rendement en lait étaient exactement *les mêmes pendant la période préparatoire*. Pendant la période d'essai, les deux lots étaient par contre nourris différemment. Le lot A recevait 1^{kg}03 de tourteaux de plus que le lot B, mais en même temps 13 kilogr. de racines en moins. Les quantités de foin et de paille étaient égales pour les deux lots. Le taux de la ration était d'environ 19 unités alimentaires pour les deux lots, mais, en raison des quantités différentes de tourteaux et de racines, la relation nutritive s'élevait à 1 : 4, 9 pour le lot A, à 1 : 7, 1 pour le lot B.

Cette différence dans la ration n'amena aucun effet, les quantités et la composition du lait ainsi que le poids vif des vaches restant à très peu près les mêmes pour les deux lots.

La même chose a été observée pendant la période finale où la ration redevenait la même pour les deux lots. Les vaches furent en effet placées au pâturage au piquet, une vache du lot A alternant avec une vache du lot B. On a dès lors le droit de conclure que *les tourteaux et les racines ont pu se remplacer dans les proportions où a été faite la substitution des deux aliments.*

La différence dans les tourteaux : 2,65 — 1,65 = 1,03 d'une part ; la différence dans la matière sèche des betteraves : 4,95 — 3,40 = 1,55 d'autre part montrent que *1 kilogr. de matière sèche de betteraves a remplacé 2/3 de kilog. des tourteaux employés*, consistant en un mélange de tourteaux de coton, de tournesol et de gluten de maïs.

IX. — Résumé.

Tant que, dans les expériences sur les besoins azotés des vaches laitières, on a seulement tenu compte des quantités totales d'azote, renfermées dans les rations et les excrétions, et qu'on n'a pas distingué entre l'azote appartenant aux matières albuminoïdes (azote albuminoïde) et l'azote appartenant aux composés non albuminoïdes (azote amidé), il n'a pas été possible de déterminer le rôle joué par chacune de ces deux sortes d'azote et l'on est parvenu par suite aux résultats les plus contradictoires.

Dans les expériences rapportées dans le 60ᵉ rapport et dans le présent rapport, on a tenu compte séparément de l'azote albuminoïde et de l'azote amidé et les résultats, consignés dans le présent rapport, peuvent être résumés de la façon suivante :

1. Quand la ration renferme moins *d'azote albuminoïde* qu'il n'en passe dans les fèces et dans le lait, les vaches fournissent ce qui manque en l'empruntant à leur propre corps. Elles se trouvent alors au-dessous du minimum d'albuminoïde vrai, si par ailleurs la ration est assez forte et renferme assez de principes non azotés pour que toutes les fonctions qui ne réclament pas d'azote albuminoïde puissent être satisfaites. Le minimum d'albuminoïdes nécessaire dans la ration des vaches laitières peut dès lors être exprimé comme suit :

Grammes d'azote albuminoïde dans la ration = grammes d'azote albuminoïde dans les fèces et dans le lait.

2. *L'azote amidé* ne peut pas être utilisé pour les fonctions qui réclament de l'azote albuminoïde, car les vaches n'ont pas le pouvoir de transformer les amides de la ration en albuminoïdes. Comme la totalité des amides est excrétée avec les fèces et l'urine, un excédent d'amides, même très élevé, dans la ration

ne peut empêcher que les vaches ne tombent au-dessous du minimum d'azote quand se présentent les conditions indiquées sous la rubrique 1. Cet excédent d'amides ne peut empêcher que les vaches ne cèdent de l'azote de leur propre corps, quand il y a un déficit d'azote albuminoïde dans la ration. Quand les vaches se trouvent au minimum d'albuminoïde, on a donc aussi la relation : grammes d'azote amidé dans la ration = grammes d'azote amidé dans les fèces + grammes d'azote dans l'urine.

3. La quantité *d'azote nitrique* que les vaches ingèrent avec les racines s'échappe sous forme gazeuse par suite de l'activité que déploient les bactéries dans le tube digestif.

4. La notion de l'azote (de la matière albuminoïde) nécessaire pour « l'entretien » doit être comprise d'une autre façon que celle usitée jusqu'ici. Pour l'entretien au sens général, usuel du mot, par conséquent pour remplacer la matière azotée albuminoïde désassimilée dans l'organisme, les vaches n'ont besoin que de très peu d'azote. De quelle quantité ? C'est ce que nos expériences ne permettent pas de préciser ; mais elles montrent cependant que cette quantité peut s'élever au plus à quelques grammes par jour. Par contre, les vaches ont besoin « d'azote intestinal » et « d'azote rénal ».

5. *L'azote intestinal* provient des sucs digestifs, du mucus de la paroi intestinale, etc; il est excrété avec les fèces. Sa quantité dépend en partie du taux de la ration et en partie de la teneur en azote de cette ration. On peut l'évaluer à environ 2^{gr},5 par jour et par unité alimentaire. Il figure (rubrique 1) dans l'azote albuminoïde des fèces qui comprend d'une part l'azote intestinal et d'autre part l'azote non digéré du résidu des aliments. L'azote intestinal est de l'azote albuminoïde. L'azote amidé, qu'on trouve dans les fèces, est un résidu de la ration.

6. *L'azote rénal* peut être considéré comme la quantité d'azote nécessaire pour la fonction rénale. Celle-ci peut être couverte par de l'azote amidé, mais, si l'azote amidé n'est pas présent en quantité suffisante, l'azote albuminoïde est utilisé dans ce but. Lorsqu'il en est ainsi, l'azote amidé peut servir à épargner de l'azote albuminoïde en se chargeant de faire face aux besoins d'azote rénal ; ce qui pourra toujours avoir lieu quand la ration renfermera une forte quantité de racines. Avec de semblables rations, on peut par conséquent négliger complètement d'avoir égard à la teneur en azote de l'urine, en ce qui concerne la question des besoins azotés des vaches.

7. En traitant les aliments par la *pepsine chlorhydrique* de la façon indiquée dans le 60e rapport, on obtient sur la teneur des aliments en albuminoïde solubles (digestibles) des données qui dans la pratique méritent la préférence sur les « coefficients de digestibilité » déterminés par expérience directe sur l'animal. On peut donc recommander de joindre ce dosage analytique aux autres de même sorte auxquels on a jusqu'ici soumis les aliments.

8. En traitant les *fèces* par la pepsine chlorhydrique, on trouve que l'azote albuminoïde et l'azote amidé sont digérés à peu près dans les mêmes proportions, lorsque la ration renferme une quantité relativement grande d'azote.

Si par contre la ration renferme relativement peu d'azote, l'azote amidé est mieux digéré que l'azote albuminoïde.

9. *Les recherches calorimétriques* portant sur la combustion complète des aliments et des excrétions montrent que, chez les vaches laitières, 33 0/0 environ de l'énergie totale de la ration passent *dans les fèces* et que 67 0/0

sont digérés « en apparence ». Comme cependant 1/4 environ de l'énergie des fèces appartient aux produits de la nutrition et seulement 3/4 environ sont des résidus non digérés de la ration, il y a au total environ 75 0/0 de la teneur en énergie de la ration qui est « vraiment » digérée. L'énergie de l'urine est toujours en très petite quantité, seulement 2 0/0 environ de l'énergie totale de la ration. La fraction de l'énergie de la ration qui passe dans le lait varie avec le rendement en lait. Quand les vaches sont en pleine production peu après le vêlage, 20 à 25 0/0 de l'énergie totale de la ration passent dans le lait.

10. On ne peut donner aucune règle toujours valable indiquant quelle est la *ration (mélange d'aliments) la plus économique*. Dans chaque cas particulier cette ration doit se régler, d'une part sur les fourrages disponibles récoltés sur la ferme, d'autre part sur les prix des aliments concentrés. De même on ne peut donner aucune règle toujours valable, en ce qui concerne le *taux de la ration*. Ce taux doit se régler, entre autres, d'après le rapport existant entre le prix de la ration et le prix du lait. On ne peut fournir la « ration modèle » que beaucoup de personnes réclament. Par contre, en se basant sur le principe qui règle le minimum d'albuminoïde (rubrique 1), on peut calculer des *rations minima* indiquant une limite au dessous de laquelle il ne faut pas descendre. Dans la pratique les rations minima ne doivent pas être considérées comme des « modèles de rations ». Elles peuvent être utilisées quand la récolte ou le prix des aliments concentrés rendent la chose convenable, mais en général elles forment seulement des *points de repère* d'où l'on peut partir pour arriver aisément, en s'aidant des équivalents de Fjord, à établir des mélanges d'aliments, des rations, qui, dans les conditions particulières envisagées, doivent être regardées comme les plus économiques.

CONGRÈS

DE

L'ALIMENTATION RATIONNELLE

DU BÉTAIL

Séance du samedi 21 mars 1908.

Présidence de M. Eugène Mir, sénateur.

La séance est ouverte à 2 h. 1/4, sous la présidence de M. Eugène Mir.

M. le Président. — Messieurs, en ouvrant le 12ᵉ Congrès de la Société de l'alimentation rationnelle du bétail, je crois inutile — pour l'avoir fait d'ailleurs antérieurement — de vous convier à jeter un regard en arrière et de constater, par l'étude des différentes étapes que nous avons parcourues, les résultats acquis par notre Société. Cependant, vous ne me pardonneriez pas de ne pas revenir sur la publication que nous avons faite, l'année dernière, d'observations que je considère comme tout à fait magistrales : je veux parler des résultats des expériences auxquelles se livre le Laboratoire danois. Avec un zèle et une précision dont je me permettrai de le remercier, M. Mallèvre, notre secrétaire général, a bien voulu traduire *in extenso* les rapports où sont décrites ces expériences.

L'année dernière, nous vous avons communiqué ainsi le 60ᵉ rapport du Laboratoire danois. Aujourd'hui, M. Mallèvre nous donne la traduction du 63ᵉ rapport. Vous l'avez, pour la plupart, entre les mains : vous avez tous compris l'intérêt considérable de ces expériences. Elles portent sur le minimum d'azote albuminoïde que doivent contenir les rations du bétail et, en particulier, la ration administrée aux vaches laitières. Jusqu'ici, on croyait qu'il fallait forcer la dose de matière albuminoïde; on croyait que l'azote amidé n'était d'aucun secours, d'aucune utilité; on négligeait volontiers cet élément. Il n'est plus permis d'avoir cette opinion aujourd'hui, après les expériences dont je parle. Les recherches du Laboratoire danois ont, en effet, démontré que l'azote albuminoïde peut être réduit à une proportion moins grande que celle administrée actuellement au bétail; elles conduisent également à admettre que l'azote amidé est un azote nutritif qui peut se convertir, au moins dans l'organisme des ruminants, en matière albuminoïde. En tout cas, M. Mallèvre incline à le penser, sans être absolument affirmatif. Les expériences dont je parle sont, du reste, en cours et n'ont pas dit leur dernier mot. M. Mallèvre nous a rendu un très grand service en les divulguant et notre Société rendra également un très grand service au monde agricole en en facilitant la diffusion. Aussi, bien que l'impression du 63ᵉ rapport soit très coûteuse à cause des tableaux qu'il contient, suis-je disposé à faire un tirage à part de ce document, en raison de l'intérêt qu'il présente pour nos éleveurs. Bien que je ne voie pas quelle discussion pourrait d'ores et déjà s'ouvrir à propos de ce rapport, à moins que l'on ne veuille apporter ici des résultats en opposition avec ceux qui sont indiqués, je donnerai cependant la parole à ceux qui la demandent, après que M. Mallèvre aura fait un résumé de ce document.

Nous commencerons d'ailleurs, en suivant notre ordre du jour, par les trois communications dont vous avez le texte entre les mains. Notre fidèle adhérent, M. Gouin, dont vous savez le zèle et l'assiduité pour tout ce qui touche à l'étude de l'alimentation des jeunes animaux, a fait cette année une communication sur la digestibilité des principes azotés chez les jeunes bovidés et une autre sur l'élevage des veaux au moyen du lait écrémé et de la fécule.

Le rapport de M. Génin sur la pratique de l'ensilage des fourrages verts ne manquera pas de donner lieu à une discussion intéressante. J'appelle dès à présent votre attention sur le procédé que M. Génin emploie sur son exploitation pour la culture et pour la récolte du maïs-fourrage. Notre confrère nous donnera, d'ailleurs, des renseignements complémentaires qui ne manqueront pas d'ajouter un nouvel intérêt à sa communication écrite, déjà si digne d'être remarquée.

M. Malpeaux nous fera une communication sur l'emploi des pulpes desséchées dans l'alimentation du bétail. Enfin, je donnerai la parole à M. Mallèvre qui fera un compte rendu sommaire des expériences magistrales auxquelles j'ai fait allusion tout à l'heure. (*Applaudissements.*)

M. LE PRÉSIDENT. — La parole est à M. Gouin pour ses communications *sur l'élevage artificiel des veaux* et sur la *digestibilité des principes azotés chez les animaux* (1).

M. LE PRÉSIDENT. — Vous avez saisi, Messieurs, les conclusions de M. Gouin, elles sont précises, elles sont formelles. M. Gouin affirme que d'après ses expériences, la digestibilité des matières azotées ne dépasse pas beaucoup 50 0/0. Ces expériences sont très intéressantes et elles offrent ce caractère particulier, d'être absolument originales ; elles n'ont pas de précédent, à ma connaissance, dans les annales agricoles. C'est à vous, Messieurs, à contrôler par l'expérimentation les recherches de M. Gouin. J'ajoute toutefois qu'une partie de ses conclusions tout au moins paraît confirmée par les expériences que l'on fait un peu partout et qui montrent que la relation nutritive peut sans inconvénient être beaucoup plus large qu'on ne l'admettait autrefois. La relation nutritive de 1 : 5, qui était classique, a été de plus en plus élargie. M. Lavalard nous a cité des cas où elle était de 1 : 16 dans la ration des chevaux de travail. Les expériences du laboratoire danois tendent à un résultat de même sens en ce qui concerne la ration des vaches laitières. De ce faisceau d'observations qui, dans une certaine mesure, contredisent les

---

(1) Voir ces communications p. 1 et p. 5.

anciennes données de la science, il résulte que l'on peut faire des économies sur la matière azotée et remplacer une partie de cette dernière dans la ration par des matières hydrocarbonées, c'est-à-dire par des matières ordinairement plus économiques que la matière azotée.

La parole est à M. Lavalard.

M. Lavalard. — Messieurs, je rentre de congé et je n'ai pas eu le temps d'étudier dans le détail le rapport de M. Gouin. Mais je lui ferai toujours la même observation : ses expériences portent sur de jeunes animaux, sur des veaux, sur des animaux qui vont se développer. Il faut donc tenir compte de la digestibilité qui peut se produire dans ce cas et qui diffère suivant que le sujet est jeune, adulte ou âgé. Il faut également tenir compte — et c'est une considération très importante — du but en vue duquel les animaux sont entretenus. Il n'est pas douteux que les résultats varieront suivant que les animaux seront élevés pour la production du lait ou pour l'engraissement, ou enfin pour la production du travail. Je félicite M. Gouin de continuer ses expériences avec tant de zèle, mais je crois qu'elles laissent un peu à désirer à certains égards. M. Gouin ne s'occupe que du point de vue spécial de l'accroissement. Nous savons tous que les animaux, lorsqu'ils se développent, absorbent une quantité très grande de matières azotées, de matières hydrocarbonées et même de matières minérales. Les expériences de M. Gouin portent surtout sur la possibilité de diminuer la quantité de matière azotée destinée à cet accroissement. Vous savez que Sanson conseillait autrefois une relation nutritive extrêmement étroite; on est arrivé ensuite, comme vient de le rappeler M. le Président, à recommander des relations nutritives plus larges.

Mais il y a une chose qui doit nous régler : c'est la qualité du lait. Le lait est, pour les jeunes animaux, l'aliment indispensable qui doit permettre leur développement; ce lait, créé par la nature et qui se trouve dans les conditions voulues pour assurer la continuation de l'espèce, renferme 4 0/0 de caséine avec 13 0/0 de matière sèche. C'est une proportion qui se rapproche beaucoup de celle indiquée par Sanson. C'est elle qui lui a permis de fixer le chiffre qu'il avait adopté.

Sans nier en aucune façon l'importance des expériences dont vient de nous parler M. Gouin, j'exprimerai à nouveau le désir que j'ai déjà manifesté à plusieurs reprises : à savoir que M. Gouin généralise un peu plus ses expériences. Il y a évidemment d'autres facteurs qui interviennent dans la digestibilité; il y en a un notamment sur lequel j'ai appelé son attention et dont je vois qu'il a tenu compte : c'est l'acide phosphorique. Depuis que je m'occupe d'alimentation, j'ai attiré l'attention, non seulement des éleveurs, mais de tous ceux qui ont à nourrir des animaux, soit pour le travail, soit pour tout autre but, sur la quantité de matières minérales qui doit entrer dans la composition de la ration. Vous savez qu'autrefois on ne considérait l'alimentation qu'au point de vue de la quantité des matières azotées et des matières hydrocarbonées, en même temps, bien entendu, que des matières grasses; on considérait la proportion des éléments azotés, par rapport à celle des éléments non azotés comme devant servir de base. Aujourd'hui, il faut s'occuper d'un autre facteur représenté par les matières minérales, non seulement par l'acide phosphorique, mais aussi par tous les autres minéraux, fer, manganèse, etc., qui jouent un très grand rôle dans la digestibilité des aliments. Dans ces derniers temps, les médecins ont même peut-être un peu abusé de ces formules. En faisant entrer dans certains sirops du manganèse et du fer, ils croyaient augmenter la digestibilité des aliments. Vous le voyez, malgré les travaux sérieux de M. Gouin, le problème de la digestibilité des aliments soulève encore des questions complexes. Il ne faudrait pas trop s'attarder sur cette question des matières azotées, dont les Danois s'occupent d'ailleurs dans les mémoires que M. Mallèvre a traduits l'année dernière et cette année; il faudrait aussi chercher à se rendre un compte exact des quantités de matières minérales qui doivent favoriser la digestibilité.

M. LE PRÉSIDENT. — La parole est à M. Gouin.

M. GOUIN. — Messieurs, j'avais l'illusion de me croire presque le père de la nourriture phosphatée; il paraît qu'il n'en est rien. Cependant, il y a déjà douze ou quinze ans que, dès notre second congrès, je suis venu en parler ici; et si je n'ai pas prétendu l'avoir inventée — il y a cent ans qu'elle l'a été — je crois au moins l'avoir rééditée. M. Lavalard me demande d'élargir le cercle de mes études; je lui demande de me laisser fouiller encore le petit coin sur lequel je travaille et qui exigera peut-être encore dix ans d'études. Cherchez ailleurs des hommes de bonne volonté et laissez-moi poursuivre mes recherches, peut-être restreintes à vos yeux, mais qui sont loin d'être épuisées.

M. LE PRÉSIDENT. — Personne ne demande plus la parole?

M. le président. — La parole est à M. Malpeaux pour sa communication sur *l'emploi des pulpes sèches dans l'alimentation du bétail* (1)

M. LE PRÉSIDENT. — Vous avez très justement fait observer, M. Malpeaux, que l'alimentation des vaches laitières avec la pulpe humide, qui subit des fermentations parfois très nuisibles, pouvait donner aux enfants que l'on nourrit avec le lait de ces vaches les maladies les plus graves. J'ai rappelé, dans un de nos précédents congrès, le cas signalé par un praticien fort éminent des hôpitaux de Paris. M. le Dr Marfan attribuait une dysenterie infantile à ce fait que la vache dont le lait était donné à l'enfant était nourrie avec des drèches qui, accumulées dans la cour de la ferme, subissaient pendant 48 heures ou davantage des fermentations acides. Le Dr Marfan avait indiqué d'une manière absolument certaine que la maladie était dûe à l'ingestion par la vache de ces drèches de brasserie. A plus forte raison doit-il en être de même pour les pulpes humides; nous savons quelle odeur infecte se dégage, au bout de trois ou quatre mois, des fosses quand on a mis ces pulpes en silos. Il y aurait donc, de ce chef, un grand intérêt à subtituer à l'alimentation par la pulpe humide l'alimentation par la pulpe sèche.

La parole est à M. Lavalard.

M. LAVALARD. — Je voudrais demander à M. Malpeaux s'il y a une grande différence à son avis entre les pulpes sèches et les cossettes de betteraves,

---

(1) Voir la communication de M. Malpeaux p. 15.

au sujet desquelles il nous a fait l'année dernière une communication. Il était arrivé à fixer pour ces dernières le prix de 17 ou 18 francs les 100 kilog.; il n'arrive pour les pulpes qu'au prix de 11 francs. Il y a là un point sur lequel les agriculteurs auraient grand intérêt à être fixés.

En second lieu, M. Malpeaux a parlé des maladies que peuvent engendrer les pulpes humides. Les vétérinaires connaissent très bien ce qu'ils appellent « la maladie des pulpes ». Cette affection se traduit par des éruptions sur les membres, par des espèces de javarts; elle s'est même produite sur les chevaux quand on a voulu leur donner des pulpes humides de betteraves ou encore des drèches de maïs, obtenues comme résidus d'amidonnerie.

J'ai fait une expérience très sérieuse en donnant à des chevaux les drèches provenant d'une amidonnerie du Nord; j'ai pu constater sur tous les animaux des éruptions assez graves pour que j'aie dû cesser l'expérience. Il n'y aurait qu'un moyen d'employer les pulpes ou les drèches dans de bonnes conditions et d'éviter ces éruptions, ce serait de les soumettre à des températures très élevées, de 100 à 110° au minimum, afin de tuer les différents microorganismes qui s'y développent. Il n'y a rien d'étonnant à ce que les vaches laitières, nourries de pulpes fermentées, puissent donner aux enfants des maladies qui, je le répète, se présentent aussi chez les animaux.

Je veux enfin attirer votre attention, messieurs, sur une dernière question. Je suis absolument de l'avis de M. Malpeaux et j'estime que l'on n'arrivera pas à augmenter le nombre des aliments utilisables pour l'alimentation du bétail de la ferme, si l'on ne s'occupe pas de ce coefficient particulier qui est le transport. Les habitants du Nord, en particulier, qui ont des quantités considérables de pulpes, devraient chercher à obtenir des compagnies de chemins de fer des tarifs moins élevés; ceux qui sont en vigueur aujourd'hui, aussi bien pour les pulpes sèches que pour les pulpes humides, sont beaucoup trop élevés relativement à la valeur de la marchandise. Je demande que notre Société, imitant les autres sur ce point, émette un vœu en ce sens. Je n'insiste pas pour les pulpes humides qui ne peuvent en effet, comme l'a très bien dit M. Malpeaux, se consommer que dans les environs des sucreries; mais je demande au moins que les pulpes sèches puissent aller à de grandes distances sans avoir à supporter des prix de transport à beaucoup près aussi élevés qu'ils le sont actuellement.

M. le Président. — Messieurs, à la fin de ses observations M. Lavalard, tout en félicitant M. Malpeaux des efforts qu'il fait pour créer un aliment nouveau, a exprimé le désir qu'il pût être consommé dans un rayon moins restreint et il vous a proposé d'émettre le vœu que les compagnies de chemin de fer diminuent leurs tarifs de transport. Je vais mettre immédiatment ce vœu aux voix; le résultat de votre vote n'est pas douteux. Je demande à notre collègue, M. Tisserand, membre du comité consultatif des chemins de fer, de l'appuyer, en demandant à M. le Ministre des travaux publics et à ses collègues du comité consultatif de le prendre en considération.

(Le vœu est mis aux voix et adopté.)

M. le Président. — En second lieu, M. Lavalard a pris la parole pour confirmer ce que disait M. Malpeaux au sujet de l'inconvénient des fermentations qui se produisent dans les silos. Nos collègues sont d'accord sur ce point; il me paraît donc inutile de prolonger la discussion.

Enfin, **M.** Lavalard a demandé à **M.** Malpeaux ce qu'il pensait de la valeur comparative des pulpes sèches et des cossettes de betteraves desséchées. Je donne la parole à **M.** Malpeaux.

M. Malpeaux. — Les prix ne peuvent pas être les mêmes : la pulpe sèche est un résidu, la cossette desséchée est fabriquée avec de la betterave dans laquelle on n'a pas enlevé le sucre. Avec la cossette desséchée, il faut payer le sucre. Voilà la raison de la différence de prix. Je ne crois pas qu'on puisse descendre au-dessous de 17 francs pour les cossettes desséchées.

M. Tisserand. — Mais il faudrait chercher à réduire le prix de la dessication : c'est le grand point.

M. Malpeaux. — Une des raisons qui m'a été fournie souvent par les fabricants de sucre du Pas-de-Calais, c'est qu'ils n'ont pas besoin de dessécher, puisqu'ils vendent la pulpe et que d'autre part, les cultivateurs ne veulent pas de la dessication, par crainte de voir augmenter le prix de la pulpe. Dans ces conditions, l'intérêt des fabricants est de ne pas faire de dessication... et même de ne pas en parler.

M. Lavalard. — M. Malpeaux a tout à fait raison. J'ai demandé à un grand fabricant combien de temps on pouvait conserver la cossette. Il m'a dit qu'anciennement, dans son usine, pour ne pas avoir en même temps tout le travail de la betterave, on avait cherché à dessécher les racines pour retirer le sucre plus tard, mais que cela coûtait horriblement cher. Cette réponse confirme ce qu'a dit **M.** Malpeaux.

M. Mallèvre. — Il est peut-être intéressant de donner le prix auquel cette pulpe sèche est vendue en Allemagne, où on en consomme des quantités considérables depuis une vingtaine d'années. Si mes souvenirs sont exacts, ce prix, qui dans ces dernières années a augmenté comme celui de tous les aliments concentrés du commerce, oscille autour de 10 francs, entre 9 et 11 francs. J'étais en Allemagne en mission d'études...

M. Lavalard. — Nous y étions ensemble.

M. Mallèvre. — ... au moment où l'on faisait des expériences avec la pulpe sèche sur toutes nos espèces d'animaux domestiques ; j'ai donné en 1892 le résumé du grand travail de Mœrcker. On était arrivé à des résultats conformes à ceux énoncés par **M.** Malpeaux, c'est-à-dire favorables à la pulpe sèche. Mais en ce qui concerne le prix de revient de la dessication, il me semble que les chiffres étaient sensiblement inférieurs. Nous savons tous que le charbon est moins cher en Allemagne qu'en France ; mais cet élément ne suffit pas à expliquer la différence. Quoi qu'il en soit, la pulpe desséchée, au prix de 10 francs les 100 kilog., peut évidemment concurrencer les autres aliments du commerce. Permettez-moi en effet de le dire en passant, la question qui intéresse l'agriculture tant pour la pulpe séchée que pour tout autre aliment nouveau est uniquement la suivante : cet aliment nouveau est-il plus avantageux, plus économique à employer que les autres aliments usuels offerts par le commerce ?

M. le Président. — La parole est à M. Huillard.

M. Huillard. — Je voudrais dire quelques mots en ce qui concerne le prix de revient de la pulpe desséchée : c'est une question sur laquelle j'ai une expérience personnelle intéressante. M. Malpeaux s'appuie sur le prix de vente de 10 francs qu'on rencontre, en effet, en France. M. Mallèvre a ajouté — et c'est très exact, — qu'on est arrivé en Allemagne à sécher des quantités considérables de pulpes, parce que le combustible y est moins cher qu'en France. Il y a 220 sucreries en Allemagne qui sèchent les pulpes, tandis qu'il y en a trois en France qui ont une installation à cet effet. Or, Messieurs, nous avons trouvé un moyen nouveau et nous réalisons actuellement le séchage des pulpes par la chaleur perdue de l'usine. De ce fait, la question du prix de revient se trouve modifiée. La chaleur perdue est celle qui s'en va à la cheminée. Deux installations fonctionnent en France, à Nassandres et à Beauchamp, et une en Espagne. Elles nous servent à sécher les pulpes. L'appareil que nous utilisons a été décrit dans cette salle même, il y a quelques mois. Nous arrivons à des prix de revient très différents de ceux qui ont été cités. Le prix du charbon, plus élevé en France qu'en Allemagne à l'inverse de ce qui se passe pour les fourrages, a rendu impossible ou à peu près le séchage de la pulpe ; nous y avons réussi, grâce à ce procédé qui nous permet d'utiliser une énergie complètement perdue et que nous renvoyions dans l'espace. Vous entendez bien, Messieurs : c'est la chaleur, qui s'en va dans la cheminée, c'est cette chaleur perdue que nous utilisons. Nous nous donnons la peine de régler nos foyers de façon à ne pas avoir de fumée désagréable : ce n'est pas difficile. Nous rendons fumivores nos foyers de générateurs et nous renvoyons une fumée très peu colorée. Nous avons séché des pulpes aussi belles, plus belles même que celles des Allemands. Le prix du séchage peut être évalué à 1 fr 30 ou 1 fr 50 par cent kilos. Si nous prenons la pulpe humide à 6 francs la tonne — ce qui est le prix fort — si nous y ajoutons 10 centimes de transport jusqu'à la ferme (et remarquez que le transport de la pulpe sèche est dix fois moins cher que celui de la pulpe humide) si nous comptons de 1 fr. 30 à 1 fr. 50 de frais de séchage, chiffre qui nous est fourni par des calculs précis, tenant compte de l'amortissement du matériel, nous arrivons à un total d'environ 7 fr. 50. Par conséquent, lorsque le sucrier prend la pulpe humide à 6 francs ce qui est déjà un très beau prix, sa pulpe sèche ne lui revient qu'à 7 fr. 50 les cent kilog., toute séchée. Vous voyez qu'il y a là un écart considérable au profit du sucrier qui sécherait sa pulpe. Cet écart peut être partagé entre le producteur qui est le sucrier et le consommateur qui est l'agriculteur.

Si nous tenons compte, d'autre part, de la perte en silo dont vient de parler M. Malpeaux très justement et si nous faisons entrer dans le prix de revient final de la matière sèche l'énorme perte provenant des décompositions, nous arrivons, pour déterminer le prix de la matière utile de la pulpe humide, à un chiffre supérieur à 12 francs, en prenant toujours comme point de départ le prix de 6 francs.

Je laisse de côté la question de qualité, dont il a été parlé d'une façon si intéressante, et je constate un écart de prix qui va de 7 fr. 50 pour la pulpe sèche à plus de 12 francs pour la pulpe humide. J'ajoute que j'ai pris pour mon calcul le chiffre de 6 francs, alors que M. Malpeaux avait pris 5 francs, et que mes renseignements se fondent sur des expériences industrielles importantes faites depuis plusieurs années en Espagne et depuis cette année en France.

Il y a une autre question que je me permettrai de signaler et qu'il ne faut pas perdre de vue. Cette quantité de matière sèche des pulpes perdue par décomposition, rendons-nous compte de ce qu'elle représente en poids et au point de vue du fourrage nécessaire à notre pays. Si nous nous appuyons sur les chiffres de l'année dernière, la sucrerie seule — ne parlons pas de la distillerie — a fait 6.500.000 tonnes de betteraves. En admettant la perte de 30 0/0 indiquée par M. Malpeaux, cela représente 100.000 tonnes de pulpes sèches qui ont été entièrement perdues. Ainsi, 6.500.000 tonnes ont été traitées, ce qui représente 300.000 tonnes de pulpes sèches, dont un tiers a été perdu! M. Malpeaux disait que les sucriers ne voulaient pas sécher la pulpe. Messieurs, je suis en contact fréquent avec eux, et depuis quelque temps je sais qu'ils reconnaissent l'avantage qu'ils auraient à cette opération. Mais les cultivateurs n'en veulent pas, jusqu'à présent. C'est votre influence, je le crois, qui pourrait avoir raison de l'inertie et de l'entêtement du cultivateur. Les sucriers sont, en général, disposés à sécher leurs pulpes : la preuve que la difficulté vient des cultivateurs, c'est que parmi les trois sucriers qui font le séchage en France, l'un ne sèche qu'une très faible partie de ses pulpes, parce qu'il ne peut pas la vendre à ses cultivateurs; il l'exporte : c'est une affaire intéressante pour le sucrier, mais pas pour le cultivateur. Un autre ne sèche que le cinquième de ce qu'il fait; il le sèche, parce que, possédant une culture de 7 à 800 hectares sur laquelle il a des fermiers nombreux, il les oblige à faire consommer la pulpe sèche par les animaux; mais il a fallu, pour arriver à un résultat, qu'il rendît cette consommation obligatoire.

Le troisième, il y a quelques années, avait établi un système allemand, il m'a dit qu'en raison du prix auquel il payait la pulpe humide et du prix auquel il obtenait la pulpe sèche, il n'avait pas d'avantages. Je crois que la nécessité d'employer le charbon a été l'une des raisons qui a empêché le développement du séchage des pulpes en France. Aujourd'hui, nous avons un système français qui peut nous supprimer la consommation du charbon, je ne dis pas pour toutes les pulpes de la sucrerie, mais pour les deux tiers au moins.

J'estime que c'est fort intéressant, d'autant plus qu'un tiers environ de la pulpe est consommée à l'état frais pendant la campagne et que, pour ce tiers, la question de putréfaction n'intervient pas. Ce qu'il faut éviter, c'est l'ensilage; on peut l'écarter entièrement en appliquant l'utilisation des chaleurs perdues.

M. le Président. — Nous vous remercions vivement de votre communication. Vous nous invitez à lutter contre l'inertie des cultivateurs; je crois comme vous que le retentissement de cette discussion peut exercer sur eux une influence salutaire et les engager à employer la pulpe sèche au lieu de la pulpe humide qui a de grands inconvénients.

La parole est à M. Saillard.

M. Saillard. — Je voudrais ajouter un mot aux observations qui viennent d'être présentées sur les conditions économiques dans lesquelles on arrive à sécher la pulpe en France par rapport aux conditions économiques en Allemagne. On a dit que le séchage de la pulpe n'avait pas pris beaucoup d'extension en France à cause du prix du charbon. Cet argument est bon, mais il y en a un autre et, pour s'en rendre compte, il faut considérer comment les fabriques de sucre sont réparties en France et comment elles le sont en Allemagne. En France elles sont réparties à peu près dans sept ou huit départements, et toutes les unes sur les autres. Dans beaucoup d'usines, les cultivateurs amènent leur betterave dans la cour et, en retournant chez eux, avec leurs bêtes d'attelage ils emmènent la pulpe fraîche. Il y a, comme on vient de vous le dire, trois usines en France qui sèchent la pulpe, et dans une proportion très faible. Pont d'Ardres, l'une des plus grandes de France, qui travaille par jour 3.000 tonnes de betterave, se trouve à proximité de la mer d'un côté, de la Belgique de l'autre. Elle est obligée d'avoir ses approvisionnements d'un seul côté et va chercher ses betteraves très loin. Les pulpes restent à la fabrique, qui n'en trouve pas l'écoulement, parce que les cultivateurs qui lui ont livré la betterave se trouvent beaucoup trop loin. Elle en sèche une partie et transporte l'autre partie vers des centres très éloignés. Voilà, à mon avis, une des raisons pour lesquelles, quand les cultivateurs viennent apporter leur betterave et ramènent la pulpe, le séchage de la pulpe n'est pas aussi avantageux.

En Allemagne, au contraire, les fabriques sont répandues sur presque toute l'étendue du territoire : elles vont chercher leur betterave plus loin et il y a moins de cultivateurs qui l'amènent dans la cour. Pour tirer un bon parti de la pulpe, les fabriques sont tenues de la sécher et, en effet, le séchage a pris une extension très grande en Allemagne depuis 1883. A cette époque, le syndicat des fabricants de sucre a trouvé un appareil qui sert pour le séchage des pulpes. Sur 368 usines allemandes, il y en a 160 qui sèchent leurs pulpes. Ce sont donc, à mon sens, les conditions économiques différentes en Allemagne et en France qui ont fait que la dessication des pulpes s'est beaucoup plus répandue dans un pays que dans l'autre.

M. le Président. — Nous avons, dans les précédents congrès, consacré de nombreuses séances à l'étude de la mélasse; ne pourrait-on, pour venir à bout de l'inertie des cultivateurs qui préfèrent pour la plupart, employer la pulpe humide parce qu'ils la croient meilleur marché, réunir la vente de la pulpe sèche et celle de la mélasse, en rendant à la pulpe le sucre qu'elle a perdu, sous forme de mélasse? On aurait ainsi un aliment des plus intéressants.

M. Lavalard. — Cela se fait dans le Nord.

M. Huillard. — Ceci se fait déjà. On emploie la pulpe séchée par un appareil allemand et on la met dans un appareil qui est une vis sans fin, avec de la mélasse chauffée; on enrobe ainsi la pulpe de mélasse. Nous avons même fait l'expérience de façon différente : nous avons mélangé la pulpe humide avec la mélasse. La mélasse se dissout dans l'eau de la pulpe et pénètre à l'intérieur. Ceci ne peut se réaliser que dans l'appareil dont je parle. Nous avons ainsi obtenu une pulpe qui contenait 50 0/0 de mélasse, par conséquent très enrichie...

M. le Président. — Enrichie de 25 0/0 de sucre, puisque la mélasse contient 50 0/0 de sucre.

M. Huillard. — C'est cela, et qui a l'avantage de ne pas être collante. C'est un procédé particulier de séchage.

M. Saillard. — Ce mélange ne se conserve pas longtemps.

M. Huillard. — Moins longtemps, en effet.

M. le Président. — La parole est à M. Saint-Yves Ménard.

M. Saint-Yves Ménard. — La discussion vient de résoudre la question que je voulais poser à M. Malpeaux. Il y a lieu d'établir deux zones autour de ces usines fabriquant du sucre : une première zone où on utilise économiquement la pulpe fraîche avec les inconvénients qu'elle présente en silo, où elle peut s'altérer. Mais je mets vite l'altération de côté, parce qu'elle n'est pas fréquente ; elle reste à l'état d'accident et on peut convenir qu'il soit possible de s'en préserver. Reste donc la question économique pure et simple : dans cette première zone, la pulpe fraîche peut donc être consommée et paraît devoir l'être économiquement. Puis vient une seconde zone, inaccessible pour ainsi dire à la pulpe fraîche en raison des frais de transport et qui devrait bénéficier de la pulpe desséchée. Cela fait deux conditions très différentes. Je me demande s'il y a véritablement tant d'avantages à dessécher dans la première zone ; les cultivateurs ne le désirent pas et ils ont peut-être raison. Mais il serait bon, dans tous les cas, de savoir ce que disent les animaux, pour leur compte. Ils ne se sont pas mal trouvés de la pulpe fraîche, même avec une proportion énorme d'eau. Nous savons que les animaux de l'espèce bovine absorbent de grandes quantités d'eau avec profit dans leur alimentation et par conséquent on a obtenu de très bons résultats en faisant usage de ces pulpes fraîches. Si donc il est admis qu'elles sont bonnes pour l'alimentation, si elles peuvent être conservées en silo — la question des portes restant à débattre et la question d'économie à vérifier — pourquoi rechercher, pour cette zone au moins, la complication de la dessication ? Je ne serais pas éloigné de croire qu'il y a tout intérêt, dans cette zone, à en rester aux procédés anciens et je suis persuadé que les animaux sont d'accord avec moi.

Quant à la seconde zone, elle ne peut évidemment se servir que de la pulpe desséchée. Cherchons, par conséquent, les moyens de lui en fournir. Les zones rapprochées des usines ne consommeront pas toute la production ; ce serait donc une perte considérable que de laisser s'altérer des matières qui peuvent être utilisées avec grand profit. C'est ici seulement, à mon avis, qu'interviennent les calculs que vous avez entendus et par lesquels on a cherché à montrer que la pulpe sèche peut être avantageuse dans une notable partie du territoire. Mais je tenais à faire cette réserve pour les zones voisines des usines, où l'on verra certainement les cultivateurs rester longtemps encore fidèles à la pulpe fraîche.

M. le Président. — La parole est à M. Malpeaux.

M. Malpeaux. — Même dans la première zone, j'estime que le cultivateur aurait avantage à prendre la pulpe sèche. En dehors du cultivateur, il faut envisager le laitier nourrisseur qui ne peut pas se procurer cette pulpe humide, donnée aux cultivateurs, planteurs de betterave. En outre, la conservation de la pulpe sèche est indéfinie, tandis qu'au bout de trois ou quatre mois, la perte de la pulpe humide est de 30 0/0 et la perte de matière sèche et de poids brut sera d'autant plus considérable que la conservation sera plus prolongée. Si l'intérêt de la pulpe sèche pour la première zone est moins immédiat, il est très grand encore et il y aurait avantage à inciter les fabricants à faire de la pulpe sèche et les cultivateurs à l'employer.

M. Tisserand. — Si vous voulez propager la pulpe sèche dans la seconde zone, je suis de l'avis de M. Lavalard, c'est une question de transport qui intervient.

M. Ch. Girard. — Je profite de la présence de deux spécialistes, M. Saillard et M. Quillard, pour demander quelle est la différence du prix du charbon en Allemagne et en France. On a fait un gros argument de cette différence; je ne serais pas fâché d'être fixé sur ce point.

M. Saillard. — Il est très difficile d'établir des comparaisons, parce que le charbon n'est pas de même qualité. On brûle en Allemagne une sorte de lignite de 2500 calories et en France du charbon gras ou demi-gras qui donne 8000 calories.

M. Girard. — On pourrait faire le calcul en prenant pour base la calorie.

M. Saillard. — Je ne suis pas en mesure de vous répondre maintenant.

M. le Président. — Cela dépend des régions. La parole est à M. Quillard.

M. Quillard. — Il convient de retenir ce qu'a dit M. Saillard, à savoir qu'une grosse partie des pulpes desséchées en France est exportée en Allemagne. Donc les Allemands les achètent parce qu'elles reviennent à un prix qui peut entrer en concurrence avec le prix des produits de leur marché; et, par conséquent, la différence n'est pas aussi grande qu'on l'a dit. Je crois qu'il y a surtout une très vive opposition de la part des cultivateurs. Lorsque nous avons fait, M. Curot et moi, une communication sur ce sujet en 1904, dans d'autres sociétés, nous avons trouvé une hostilité très vive des cultivateurs qui nous reprochaient de vouloir ruiner l'agriculture en préconisant ces procédés. Je ne crois donc pas qu'il s'agisse ici de la supériorité d'un moyen, de la récupération des chaleurs perdues, ou d'un autre : je crois que la question est plus générale et qu'on pourra dessécher économiquement la pulpe quand on trouvera des cultivateurs pour l'acheter.

M. Mallèvre. — Depuis quelques années, les Allemands sont en mesure de payer plus cher que nous les aliments concentrés par la raison qu'ils vendent les produits agricoles — en particulier la viande — plus cher que les agriculteurs français. C'est un fait dont les consommateurs allemands se plaignent beaucoup. Parallèlement le prix des aliments concentrés destinés au bétail a augmenté dans des proportions considérables. Il ne me semble pas absolument évident que, quel que soit le prix auquel revienne la pulpe desséchée en France, elle soit nécessairement avantageuse pour la nourriture des animaux. Je crois au contraire, — et c'est le point fondamental pour cette deuxième zone dont parlait M. Saint-Yves-Ménard — qu'il faut d'abord obtenir des pulpes desséchées capables de concurrencer les autres aliments concentrés disponibles sur le marché. Tout cultivateur a intérêt à rechercher l'aliment le plus avantageux et aucune considération ne saurait l'empêcher de donner la préférence à l'aliment le plus économique. Si cet aliment est la pulpe desséchée, il l'utilisera. Contre cela rien ne saurait prévaloir; il la délaissera, s'il en est autrement.

M. QUILLARD. — Nous proposions de dessécher seulement les aliments destinés à cette 2ᵉ zone; nous sommes donc de l'avis de M. Mallèvre sur ce point.

M. LE PRÉSIDENT. — M. Mallèvre disait tout à l'heure que les agriculteurs en Allemagne payaient les aliments du commerce plus cher qu'en France. Je me rappelle un fait qui confirme cette assertion. Nous avons vu, M. Mallèvre et moi, pendant un séjour à Hambourg, il y a déjà onze ans, un produit qui n'existait pas alors en France : je veux parler de la tourbe mélassée, que l'on vendait jusqu'à 20 fr. les 100 kilog. La fabrication de cette tourbe mélassée est une industrie qui est très prospère et qui écoule ses produits comme elle veut. Je ne crois pas qu'en France un produit qui atteindrait ce prix puisse trouver un écoulement aussi facile qu'en Allemagne.

Si personne n'a rien à ajouter aux observations du plus haut intérêt qui viennent d'être échangées à propos de la pulpe desséchée, il ne me reste qu'à engager les fabricants à continuer leurs efforts en vue de donner au meilleur prix possible ce produit intéressant à l'agriculture.

M. LE PRÉSIDENT. — Nous arrivons, Messieurs, à la question de l'ensilage.

La parole est à M. Génin pour sa communication sur *la pratique de l'ensilage des fourrages verts, en particulier du maïs (1).*

M. LE PRÉSIDENT. — Vous parliez tout à l'heure des pays où on peut faire de la betterave et de la pomme de terre. Pourquoi ne faites-vous pas de betteraves?

M. GÉNIN. — Parce qu'il n'y a pas d'usines dans notre région.

M. LE PRÉSIDENT — Mais de la betterave fourragère?

M. GÉNIN. — Le prix de revient de la betterave fourragère est beaucoup plus élevé que celui du maïs fourrage; il est à peu près égal, comme frais de culture, à celui de la betterave à sucre.

M. LE PRÉSIDENT — Je me place au point de vue de la nourriture à donner à l'animal; vous faites du maïs au lieu de faire de la betterave; je vous demande pourquoi vous donnez la préférence au maïs. Dans certaines régions du Midi, dans l'Aude en particulier, où il n'y a pas de sucreries, nous faisons de la betterave demi-sucrière que nous employons comme de la fourragère et nous y voyons ce très grand intérêt que, sur de la betterave fourragère ou demi-sucrière employée à alimenter le bétail, nous avons de très beaux blés tandis que, sur le maïs fourrage, nous avons des récoltes très médiocres. Je vous demandais si vous aviez fait la comparaison et, dans ce cas, comment vous aviez été amené à préférer l'une des cultures à l'autre.

M. GÉNIN. — Nous faisons du maïs fourrage de préférence, parce que

---

(1) Voir la communication de M. Génin, page 28.

nous n'avons pas de main d'œuvre pour faire de la betterave (la main d'œuvre de notre région n'y est pas habituée) et surtout à cause du prix de revient de la betterave.

M LE PRÉSIDENT. — Il est plus économique de faire du maïs fourrage?

M. GÉNIN. Beaucoup plus.

M. LE PRÉSIDENT. — Mais n'oubliez pas que le maïs est une plante très épuisante et que vous devez avoir sur le maïs fourrage des récoltes très médiocres.

M. GÉNIN — Il est certain que la betterave est bien préférable au point de vue cultural; car, après le maïs, on a des récoltes médiocres. Il faut de nouveau fumer la terre.

M. LE PRÉSIDENT. — La parole est à M. Malpeaux.

M. MALPEAUX, en son nom et au nom de M. G. Lefort, professeur a l'École pratique d'agriculture de Berthonval, fait la communication suivante sur *l'ensilage des fourrages verts :*

Pendant l'année dernière nous avons poursuivi, à l'École d'agriculture de Berthonval, les expériences sur l'ensilage des fourrages verts que nous avions commencées en 1906.

Nos essais ont été effectués en établissant, à l'époque de la récolte, des silos de différentes natures.

1° Le 30 mai : 1er ensilage de trèfle incarnat, coupé jeune, au début de la floraison, effectué aussitôt la coupe ;

2° Le 26 juin : 2e ensilage de trèfle incarnat, provenant du même champ et récolté par conséquent beaucoup plus tardivement; le fourrage était à la fin de sa floraison, beaucoup plus ligneux, quand on l'ensila également aussitôt fauché ;

3° Le 8 juillet : 1er ensilage de trèfle ordinaire, en pleine floraison, fauché et ensilé le même jour ;

4° Le 10 juillet : 2e ensilage de trèfle ordinaire, de même provenance et coupé le même jour que le précédent, mais ensilé par conséquent deux jours après;

5° Le 12 octobre : ensilage de maïs fourrage, aussitôt la coupe, après passage au hache-paille. Cet ensilage a été fait dans deux silos séparés. L'un de ces silos étant établi, comme ceux qui précèdent, dans une excavation du sol ; l'autre établi également dans le sol, dans des conditions semblables, mais avec cette différence que le fond et les parois latérales du silo étaient en planches, formant une sorte de cuve immense, dont toutes les pièces étaient soigneusement raccordées, de façon à constituer un silo bien étanche ne laissant se produire aucune infiltration;

6° Le 8 novembre : 1er ensilage de moutarde effectué dans le sol aussitôt la coupe;

7° Le 20 novembre : 2e ensilage de moutarde effectué à l'air libre aussitôt la coupe.

Tous les silos en terre furent établis sur le même sol, d'un drainage facile, dans une fosse de 0^m,70 de profondeur. Les fourrages y furent tassés par couches successives, bien régulièrement, jusqu'à dépasser le niveau du sol environnant de 0^m,70, puis recouvertes d'une couche de terre d'environ 0^m,60 centimètres.

Les quantités de fourrages ensilés avaient été pesées, et nous avons échantillonné chaque fois les produits pour connaître leur composition initiale. Les silos furent l'objet des mêmes soins que ceux de années précédentes jusqu'à la fin du mois de janvier, époque à laquelle ils furent successivement défaits dans la même semaine, pesés et échantillonnés à nouveau. Nous avons déjà fait connaître comment nous arrivions à retrouver un échantillon moyen en plaçant un sac à larges mailles vers le milieu du silo.

En dehors de ces expériences poursuivies à Berthonval, nous avons étudié un ensilage d'herbe de prairie, effectué sur une grande échelle à Gretz par M. Chudant, ingénieur agricole, régisseur de M. le baron de Rothschild à la ferme d'Armainvilliers (Seine-et-Marne).

Le silo d'Armainvilliers est à parois maçonnées recouvertes de ciment. Il est surmonté d'un hangar qui l'abrite ainsi que la récolte qui sert de charge. Il est moitié en terre et moitié hors terre; la terre du déblai ayant servi à faire une rampe latérale qui permet aux tombereaux d'arriver à la partie supérieure du silo et de s'y vider en basculant.

Les dimensions de ce silo sont 15 mètres de longueur, 4 mètres de profondeur et 8 mètres de largeur. Cette grande largeur a été donnée pour permettre de tourner facilement aux tombereaux qui viennent dans la partie inférieure du silo par une rampe descendante soit pour amener l'herbe au commencement de l'ensilage, soit pour enlever la conserve. On y ensile principalement la jeune herbe des pelouses qui est surtout composée de ray-grass anglais. Cette herbe est généralement fauchée avant de produire ses inflorescences; néanmoins, dans l'échantillon qui nous a été envoyé pour l'analyse, nous avons trouvé quelques épis ce qui nous a permis de reconnaître, en outre du ray-grass, la présence du paturin commun, de la canche, de la flouve odorante, de la cretelle, du dactyle, du brome des prés, la houlque laineuse, de l'avoine jaunâtre. Nous avons pu y caractériser aussi la présence de quelques tiges de trèfle et de minette, ainsi que des feuilles de violettes, de marguerite des prés, de renoncule et de plantain lancéolé. La confection de l'ensilage s'effectue en juillet-août et dure un mois environ. Pendant ce temps, tous les jours, on amène une dizaine de tombereaux d'herbe qui est épandue par un homme et tassée par une paire de bœufs ou un cheval. Au commencement du travail, le gazon est jeune et tendre; à la fin, il est dur et souvent sec, aussi la conserve est-elle moins bonne à la partie supérieure du silo qui a reçu les herbes mûres qu'à la partie inférieure où se trouvent les herbes les plus vertes.

Quand le silo est bien plein, on le charge de 0^m,40 à 0^m,50 de terre sur laquelle, plus tard, on place des céréales ou des regains.

Voici les pertes de poids brut et de matière sèche que nous avons déterminées pour ces différents ensilages :

	Durée de la conservation.	Pertes %	
		de poids brut.	de matière sèche.
Trèfle incarnat ensilé jeune.........	8 mois	35,3	30,6
Trèfle incarnat ensilé tardivement..	7 mois	36,6	48,1
Trèfle violet ensilé aussitôt la coupe.	6 mois 1/2	19,1	31,0) produits
Trèfle violet ensilé 2 jours après la coupe...........................	6 mois 1/2	33,8	39,9) avaries
Maïs conservé dans un silo étanche (parois en planches)...............	3 mois 1/2	pas de perte	8,9
Maïs ensilé dans le sol...............	3 mois 1/2	25,9	26,0
Moutarde ensilée dans le sol........	2 mois 1/2	40,0	20,9
Moutarde ensilée à l'air libre.......	2 mois	68,0	47,0
Herbe de prairie naturelle, échantillon du sac (silo d'Armainvilliers)..	6 mois	20,6	23,4
Herbe de prairie, autre échantillon pris à la même hauteur dans le silo.	6 mois	20,8	34.3

Il est évident qu'on juge très mal les effets de l'ensilage quand on se borne à considérer les quantités brutes de matières retrouvées.

C'est ainsi que pour nos silos de *trèfle incarnat* les pertes de poids brut sont identiques ; cependant il y a des grandes différences pour la perte en éléments nutritifs. Elle est bien plus élevée pour l'ensilage tardif : la perte de matière sèche est de 48 0/0 au lieu de 30 0/0.

Pour le *trèfle ordinaire* la conservation a laissé à désirer. Il s'est fait de l'ensilage charbonneux. Par suite de circonstances toutes spéciales la confection des silos de trèfle des prés n'avait pu être entourée de toutes les précautions habituelles. Aussi nous sommes-nous bornés à évaluer seulement les pertes de poids brut et de matière sèche.

Il est intéressant de constater que l'ensilage après la coupe donne moins de pertes que lorsqu'on laisse le fourrage subir une légère dessiccation préalable.

La conservation du *maïs* nous a donné moins de pertes que les expériences de l'année dernière. Il faut dire que la durée de l'ensilage avait été plus longue (4 mois 1/2 au lieu de 3 mois 1/2).

L'an dernier nous avions ensilé le fourrage très tardivement, il était beaucoup plus ligneux, plus grossier. Tandis que nous avions 20, 6 0/0 de matière sèche dans le maïs de l'an dernier, celui de cette année n'en renfermait que 12. 3 0/0. Le produit ainsi ensilé, moins avancé en végétation, s'est bien mieux conservé.

Dans le *silo* confectionné en *planches*, à parois étanches, nous avons retrouvé un poids légèrement supérieur à celui que nous y avions mis (1014 kil. au lieu de 1000 kilog.). Cette augmentation de poids peut s'expliquer par la pénétration d'eau de pluie dans le silo à travers les 50-60 centimètres de terre de recouvrement.

Le produit extrait était en effet très aqueux, l'excès d'eau qui l'imprégnait ne pouvant s'égoutter était resté dans la masse, s'opposant de la sorte à tout accès de l'air. La matière ainsi retrouvée était d'aspect jaune grisâtre, d'une conservation parfaite, sans aucun déchet, et présentait une odeur franchement alcoolique, très agréable.

La perte en matière sèche dans ces conditions ne dépassait pas 10 0/0.

Ces silos en planches, bien étanches, nous paraissent très recommandables pour le maïs. Ils sont d'ailleurs en vogue en Amérique.

Le silo de *maïs* établi directement dans une fosse creusée *dans le sol* avait subi des pertes plus élevées. Elles dépassaient légèrement 25 0/0 tant pour le poids brut que pour la matière sèche.

La *moutarde* nous a donné des pertes énormes de poids brut. Étant donné sa forte teneur en eau, au moment de la confection des silos, elle s'est trouvée concentrée, dans l'intervalle de la conservation par suite de son égouttage. Pour cette raison, les pertes de poids brut dépassent dans une forte proportion la perte réelle d'éléments nutritifs représentée par la disparition d'une partie de la matière sèche.

Le silo à l'air libre comportait plus de 3000 kilos de moutarde et supportait une charge de 2600 kilos. La perte y fut bien plus grande que pour l'ensilage en fosse, elle est plus que doublée pour la matière sèche. Et il faut remarquer encore qu'il n'est pas tenu compte ici des déchets sur les parois du silo, déchets surtout importants quand il s'agit de l'ensilage en meules.

Les chiffres ci-dessus se rapportent aux pesées et analyses faites sur le sac échantillon. Ils correspondent aux résultats fournis par la conservation en plein milieu du silo et doivent par conséquent être considérés comme donnant le minimum des pertes inhérentes au procédé d'ensilage adopté.

On a reproché à nos expériences de conduire à des pertes excessives parce que nous opérions sur des silos trop petits; nous avons démontré qu'avec des silos 2 et 3 fois plus volumineux nous ne trouvions pas de pertes moindres, bien au contraire. Si cette objection était encore soulevée, il nous suffirait pour y répondre de faire connaître nos résultats pour le grand silo d'Armainvilliers, dont nous avons fait connaître ci-dessus les principales dimensions.

Nous avons effectué deux analyses sur le produit extrait de ce silo. La perte de poids brut était de 20 0/0. L'échantillon du sac (dont les mailles n'étaient peut-être pas suffisamment larges) n'était pas tout à fait d'aussi bonne qualité que celui qui fut prélevé à la même hauteur dans la masse même du silo. L'échantillon du sac, qui nous a été envoyé en premier lieu, semblait avoir subi une légère dessiccation pendant le transport, y ayant trouvé 33,5 0/0 de matière sèche, la perte de matière sèche 0/0 était de 23,4 0/0. Nous avons demandé un deuxième échantillon provenant de la masse même du silo dont l'expédition nous fut faite dans une caisse hermétiquement close, l'humidité constatée était de 71.2 0/0 cette fois au lieu de 66.5, de sorte que la perte de matière sèche réelle atteignait 34.3 0/0. On doit donc être convaincu que l'ensilage conduit toujours à des pertes élevées d'éléments nutritifs. Ces pertes sont rarement inférieures au 1/4 de la matière sèche, et elles peuvent souvent dépasser le 1/3.

Nous avons cherché, comme l'an dernier, à évaluer la répartition de ces pertes entre les différents éléments constitutifs des produits ensilés.

Dans le tableau suivant nous donnons la composition de la matière humide à l'état naturel, tel qu'on la trouve avant et après l'ensilage. (Tableau de la composition matière humide).

Tableau

Composition de la matière humide.

SUBSTANCES DOSÉES	A L'ENSILAGE							APRÈS L'ENSILAGE							
	TRÈFLE INCARNAT		TRÈFLE	MAÏS.	MOUTARDE		HERBE DE	TRÈFLE INCARNAT		MAÏS.		MOUTARDE		HERBE DE PRAIRIE	
	1er silo (jeune).	2e silo + ligneux.	violet.		dans le sol.	à l'air libre.	prairie naturelle.	1er silo (jeune).	2e silo + ligneux.	silo étanche.	silo en terre.	silo en terre.	silo à l'air libre.	échantillon du sac.	échantillon du silo.
Matières azotées organiques............	3.20	3.09	3.60	2.26	3.08	2.82	3.54	2.78	3.10	1.69	1.73	2.60	3.04	3.08	3.43
Matières grasses......................	0.37	0.42	0.44	0.25	0.33	0.28	1.09	0.77	0.41	0.27	0.37	0.35	0.25	0.67	0.83
Matières hydrocarbonées exprimées en amidon $C^6H^{10}O^5$......................	3.91	6.86	5.43	3.30	1.99	1.75	8.33	3.19	3.91	1.98	2.26	1 77	2.17	6.33	5.01
Autres extractifs non azotés.....	3.57	4.03	4.59	1.50	1.33	1.53	9.34	3.91	3.20	3.21	3.17	2.96	3.17	9.92	9.10
Ligneux ou cellulose..................	4.25	8.78	6.77	3.22	1.41	1.53	8.92	5.37	7.53	2.30	2.83	2.55	3.04	10.28	7.43
Cendres..............................	1.70	3.02	2.37	1.77	2.86	2.09	3.78	2.18	3.35	1.65	1.84	4.27	5.03	3.22	3.00
Matière sèche totale..................	17.0	26.2	23.2	12.3	11.0	10.0	35.0	18.2	21.5	11.1	12.2	14.5	16.7	33.5	28.8
Humidité.............................	83.0	73.8	76.8	87.7	80.0	90.0	65.0	81.8	78.5	88.9	87.8	85.5	83.3	66.5	71.2
TOTAUX...................	100.0	100.0	100.0	100.0	100.0	100.0	100.0	100.0	100.0	100.0	100.0	100.0	100.0	100.0	100.0
Azote organique total................	0.512	0.495	0.575	0.362	0.493	0.451	0.564	0.446	0.497	0.270	0.277	0.416	0.488	0.492	0.550
Azote alimentaire....................	0.398	0.348	0.471	0.246	0.296	0.273	0.441	0.306	0.398	0.148	0.174	0.254	0.414	0.385	0.412
Azote non alimentaire................	0.114	0.147	0.104	0.116	0.197	0.178	0.123	0.140	0.099	0.122	0.103	0.462	0.074	0.107	0.138
Acidité % exprimée en acide acétique CH^3CO^2H.	»	»	»	»	»	»	»	1.05	0.27	0.62	0.69	0.22	0.36	1.23	1.36

Les fermentations qui se produisent dans les silos ont pour effet de modifier le pouvoir nutritif des fourrages ; on admet que leur digestibilité est augmentée par suite de transformations analogues à celles qui résultent de la cuisson des aliments. En réalité, ces transformations sont beaucoup plus complexes.

Les fermentations, étant spontanées, conduisent à des résultats variables selon la nature des ferments qui prédominent dans l'action. Pour conduire l'ensilage d'une matière rationnelle, il faudrait rechercher les bons ferments, étudier les meilleures conditions de leur développement, de manière à les favoriser dans la conduite des opérations pour l'ensilage. C'est là un travail bien difficile que nous n'avons pas le moyen de réaliser, et c'est regrettable, car, lorsqu'on connaît bien la marche d'une fermentation, on peut régler son travail, calculer son rendement et l'obtenir tel qu'on l'a prévu, comme s'il s'agissait d'un travail de laboratoire.

L'ensilage, à cause de cela, est pratiqué de manière empirique ; on sait que l'air est l'ennemi de l'ensilage et le but principal que l'on vise c'est justement de mettre les produits à l'abri de l'action nuisible de l'oxygène. En dehors de cela, on tâche de se documenter auprès des praticiens qui ont bien réussi leurs conservations et on s'efforce de copier leurs procédés.

On s'aperçoit bien que les fermentations spontanées donnent des résultats très variables, rien qu'en évaluant l'acidité formée dans la masse des silos. On distingue d'ailleurs à ce point de vue l'ensilage doux et l'ensilage acide. Pour nos essais, la conservation a été meilleure dans les silos où se développaient les fermentations acides. Le trèfle incarnat ensilé jeune, le maïs et l'herbe de prairie dont l'acidité atteignait respectivement 1ᵍ,05, 0,62 et 0,69, 1ᵍ,23 et 1ᵍ,36, se sont bien mieux conservés que le trèfle incarnat ensilé tardivement, le trèfle violet et la moutarde où l'acidité de l'ensilage était beaucoup moins élevée.

Quoi qu'il en soit, l'analyse des produits retrouvés après l'ensilage n'indique pas un pouvoir nutritif plus grand et poids égal, sans tenir compte des pertes et des déchets, on peut admettre qu'il y a à peu près équivalence entre la valeur alimentaire des fourrages avant et après l'ensilage, à condition d'admettre que le produit retrouvé est d'une digestibilité supérieure.

L'ensilage détruit toujours une proportion élevée d'hydrates de carbone, et provoque la transformation d'une partie de l'azote alimentaire en azote amidé.

Il nous reste à préciser maintenant de quelle manière se répartissent les pertes en matières sèches. A ce point de vue nos conclusions seront toujours les mêmes que celles que nous avons indiquées dans les expériences précédentes.

Le tableau suivant donne le pourcentage des pertes calculées pour les différents éléments nutritifs des fourrages.

Pourcentage des pertes subies par les éléments constitutifs des produits ensilés

SUBSTANCES DOSÉES	TRÈFLE INCARNAT 1er silo (ensilé jeune)				TRÈFLE INCARNAT 2e silo (ensilé tardivement)				MAIS SILO ÉTANCHE				MAIS SILO DANS LE SOL				MOUTARDE SILO EN TERRE				MOUTARDE SILO A L'AIR LIBRE				HERBE DE PRAIRIE ÉCHANTILLON DU SAC				HERBE DE PRAIRIE ÉCHANTILLON DU SILO			
	À l'ensilage.	Après l'ensilage.	Pertes.	Pertes %.	À l'ensilage.	Après l'ensilage.	Pertes.	Pertes %.	À l'ensilage.	Après l'ensilage.	Pertes.	Pertes %.	À l'ensilage.	Après l'ensilage.	Pertes.	Pertes %.	À l'ensilage.	Après l'ensilage.	Pertes.	Pertes %.	À l'ensilage.	Après l'ensilage.	Pertes.	Pertes %.	À l'ensilage.	Après l'ensilage.	Pertes.	Pertes %.	À l'ensilage.	Après l'ensilage.	Pertes.	Pertes %.
Matière sèche......	17.00	11.80	5.20	30.6	26.2	13.6	12.6	48.1	12.3	11.2	1.1	8.9	12.3	9.1	3.2	26.0	11.0	8.7	2.3	20.9	10.0	5.3	4.7	47.0	35.0	26.8	8.2	23.4	35.0	23.0	12.0	34.3
Matières azotées totales.............	3.20	1.80	1.40	43.8	3.09	1.96	1.13	36.7	2.26	1.71	0.55	24.3	2.26	1.29	0.97	42.9	3.08	1.56	1.52	49.4	2.82	0.97	1.85	65.6	3.54	2.46	1.08	30.5	3.54	2.74	0.80	22.6
Matières grasses....	0.37	0.51	+0.14	gain	0.42	0.26	0.16	38.1	0.25	0.27	+0.02	gain	0.25	0.28	+0.03	gain	0.33	0.22	0.11	33.3	0.28	0.08	0.20	71.4	1.00	0.54	0.55	50.5	1.09	0.66	0.43	39.5
Hydrates de carbone en amidon........	3.91	2.06	1.85	47.3	6.86	2.47	4.39	65.5	3.30	2.00	1.30	39.4	3.30	1.68	1.62	49.1	1.99	1.06	0.93	45.2	1.75	0.69	1.06	60.6	8.33	5.56	3.27	39.3	8.33	4.00	4.33	52.0
Autres extractifs non azotés...........	3.57	2.54	1.03	28.9	4.03	2.02	2.01	50.0	1.50	3.25	+1.75	gain	1.50	2.36	+0.86	+gain	1.33	1.77	0.56	42.1	1.53	1.01	0.52	34.0	9.34	7.94	1.40	15.0	9.34	7.28	2.06	22.1
Cellulose..........	4.25	3.48	0.77	18.1	8.78	4.77	4.01	45.7	3.22	2.33	0.89	27.6	3.22	2.12	1.10	34.2	1.41	1.53	+0.12	+gain	1.53	0.97	0.56	36.6	8.92	8.22	0.70	9.2	8.92	5.94	2.98	33.4
Matières minérales..	1.70	1.41	0.29	17.0	3.02	2.12	0.90	29.8	1.77	1.64	0.13	7.0	1.77	1.37	0.40	23.2	2.86	2.56	0.30	10.5	2.09	1.61	0.48	23.0	3.78	2.58	1.20	31.7	3.78	2.40	1.38	36.5
Azote alimentaire...	0.398	0.198	0.200	50.1	0.348	0.252	0.096	27.6	0.246	0.150	0.096	39.0	0.246	0.129	0.117	47.6	0.296	0.152	0.144	48.7	0.273	0.132	0.141	51.1	0.441	0.308	0.133	30.5	0.441	0.330	0.111	25.2
Azote non alimentaire.............	0.114	0.090	0.024	21.1	0.147	0.063	0.084	57.1	0.116	0.122	+0.006	+5.2	0.116	0.077	0.039	33.6	0.197	0.097	0.100	50.8	0.178	0.023	0.155	87.1	0.123	0.086	0.037	30.5	0.123	0.110	0.013	10.6

Nous ne pouvons détailler ici tous ces résultats. On admet généralement que les substances quaternaires résistent bien à l'ensilage et qu'à la perte de poids brut doit correspondre une richesse plus élevée, en protéïne, du produit qui reste.

Nous trouvons au contraire que les matières azotées totales ont subi des pertes comprises entre 22,6 et 65, 6 0/0; la moyenne étant aux environs de 35 - 40 0/0.

Comment expliquer ces pertes? Faut-il incriminer une conservation défectueuse due à un commencement de putréfaction qui aurait fait apparaître des produits ammoniacaux aux dépens des amides et des albuminoïdes? Il est possible d'émettre d'autres hypothèses plus vraisemblables, nos conserves de fourrages étant très bien réussies.

Si nous considérons en particulier, l'ensilage du maïs dans le silo étanche dont la conservation était absolument parfaite, nous trouvons 25 0/0 des matières organiques azotées disparues. L'herbe de prairie conservée dans le grand silo d'Armainvilliers en a perdu 22. 6 0/0.

Cela prouve qu'un bon ensilage peut éprouver des pertes sérieuses de matières azotées, sans qu'il y ait pour cela des fermentations ammoniacales.

Nous savons que les albuminoïdes se transforment partiellement en amides; ceux-ci sont facilement entraînés avec les liquides qui s'échappent des silos ce qui fait que malgré tout nous en retrouvons moins dans la masse qu'il n'en existait au début.

A ce point de vue le silo étanche fait exception et les résultats qu'il donne méritent de retenir l'attention. C'est parce que les liquides n'ont pu s'en échapper que le maïs retrouvé contient plus d'amides qu'à l'état frais, sans toutefois que le gain soit proportionnel à la disparition de l'azote alimentaire. Il y a donc eu en même temps des pertes d'azote se produisant d'une autre manière, elles n'ont pas dû se manifester non plus sous la forme ammoniacale car elles auraient porté surtout sur les composés amidés, ce qui est contraire à nos constatations.

On ignore encore comment agissent les ferments, mais il faut admettre dans ce cas qu'une partie de l'azote de la matière protéique a disparu sous forme de gaz à l'état libre, par exemple.

Pour les autres silos nous constatons des écarts assez grands; mais aurions-nous même constaté des résultats divergents qu'ils n'en seraient pas pour cela contradictoires, car il est tout naturel qu'ils puissent varier avec les conditions d'expériences et surtout avec les ferments qui entrent en jeu.

Il y a tantôt gain, tant perte pour la matière grasse. Le gain s'explique par la transformation des hydrates de carbone sous l'action des ferments réducteurs. Leur proportion n'étant jamais bien élevée ce fait n'a pas grande importance.

Partout nous constatons des pertes en hydrates de carbone. Ce sont les produits les plus éprouvés par la fermentation. Ces pertes ont varié de 40 à 65 0/0. Elles sont par conséquent toujours très élevés et ne sauraient être compensées par l'augmentation de la digestibilité des produits qui restent, surtout si on envisage que ce sont précisément les éléments les plus digestibles qui sont les premiers attaqués par les fermentations.

Dans la plupart des cas, les extractifs non azotés ont diminué; ils n'échappent donc pas eux-mêmes aux transformations. Pour le maïs seulement nous en avons retrouvé plus après l'ensilage. Ils doivent provenir de la destruction incomplète des autres éléments, et il est vraisemblable qu'ils proviennent de matières azotées protéiques passées à l'état d'amides et de la réduction des hydrates de carbone.

La cellulose a disparu également, mais dans une proportion plus faible, après s'être transformée en sucres que la fermentation détruit facilement. C'est particulièrement cette attaque de la partie ligneuse qui rend vraisemblable l'idée d'une augmentation de la digestibilité des produits ensilés.

Enfin les matières minérales n'échappent pas non plus aux déperditions. Elles ne peuvent être entraînées que par les eaux d'infiltration. C'est seulement dans notre silo de maïs, dans une grande caisse étanche, que nous trouvons une perte de cendres négligeable, les pertes par infiltration n'ayant pu s'y produire. Dans les autres ensilages, elle s'est élevée jusqu'à 36,5 0/0, les matières minérales étant solubilisées grâce à l'acidité du milieu.

. . . .

Il résulte de ces expériences : 1° Qu'on ne doit ensiler que des fourrages encore tendres, d'une végétation peu avancée et aussitôt après la fauchaison.

Quand on récolte vers la fin de la floraison, ou lorsqu'on laisse subir à la plante un commencement de dessiccation, le tassement ne peut être obtenu d'une manière parfaite, et la quantité d'air emmagasinée étant plus considérable détermine une fermentation plus active qui vient exagérer les déperditions ;

2° L'ensilage à l'air libre donne des pertes plus grandes que lorsqu'on pratique l'ensilage en fosse, d'autant plus que les déchets sur les parois sont plus abondants ;

3° Les silos en maçonnerie, ou en planches bien étanches, donnent lieu à des pertes moindres que lorsqu'on ensile simplement les fourrages dans une excavation creusée dans la terre ;

4° L'ensilage est inférieur, comme procédé de conservation, au fanage lorsqu'il s'agit de légumineuses de prairies artificielles ou d'herbes naturelles, parce qu'il conduit toujours à des pertes énormes d'éléments nutritifs portant particulièrement sur les hydrates de carbone et la protéine alimentaire.

Nous dirons donc, comme l'an dernier, que si l'ensilage constitue un excellent procédé de conservation pour certains fourrages d'un séchage difficile ou qui ne reçoivent pas d'autre utilisation à la ferme, comme le maïs ou les feuilles de betteraves, on ne doit y avoir recours, pour les fourrages susceptibles d'être fanés, que lorsqu'on ne peut faire autrement.

Un Membre. — Messieurs, après les très intéressantes et précises observations de M. Malpeaux, je rougis presque de prendre la parole, car j'apporte ici les observations d'un modeste praticien qui fait de l'ensilage depuis dix-sept ans et qui a été très heureux de trouver dans le rapport de M. Génin et dans les constatations expérimentales de M. Malpeaux la vérification des observations de sa pratique. Je n'emploie chez moi et je n'ai jamais appliqué l'ensilage que comme pis-aller pour les deuxièmes coupes d'un fourrage très grossier récolté dans des prairies tourbeuses où le roseau occupe une place importante. J'ai surtout la préoccupation de nettoyer mes prés. Les premières coupes donnent un fourrage mangeable que j'ai vendu en 1893

120 francs les mille kilos à M. de Chauvelin pour nourrir ses Durham, mais qui, en général, ne trouve pas amateur à plus de 30 francs. Pour conserver mes prés entretenus avec des rigoles en plein air, j'ai été amené à faucher et, avec mes deuxièmes coupes, j'ai pratiqué, depuis 1891, l'ensilage à l'air libre et l'ensilage dans des silos maçonnés, absolument étanches. Je ne peux pas apporter ici de chiffres sérieux, car j'ai toujours procédé empiriquement et ma culture a été pour moi comme une sorte de passe-temps. J'ai à peu près entassé tous les ans une centaine de mètres cubes de fourrages récoltés depuis le 15 octobre jusqu'au 5 ou 6 novembre. Je ne m'occupe de mes deuxièmes coupes qu'après avoir fini mes semailles de blé. Je mets deux faucheuses dans mes prés ; au fur et à mesure de la récolte, on la transporte sur une civière pour franchir les rigoles et on en fait un tas qu'une voiture à un cheval apporte au silo. Je ne laisse pas sécher mes fourrages avant de les ensiler, mais je n'apporte aucune hâte à faire le silo. Il y a toute une série de petites observations pratiques que j'ai eu la très grande satisfaction de retrouver consignées dans le rapport de M. Génin, car je considère que la pratique de l'ensilage, tout en n'étant qu'un pis-aller, selon l'expression très juste de M. Malpeaux, est une pratique à encourager et à vulgariser. Il faut répéter partout qu'on peut faire l'ensilage sans dispositif spécial, en meule, sur la terre, dans un coin de grange abandonnée et que le silo, si on a l'emplacement voulu pour le faire, est un procédé de conservation à la portée de tout le monde et qui peut rendre des services de toute espèce. Je n'en veux donner qu'un exemple, pour terminer. Dans ma localité, en Seine-et-Oise, il y avait autrefois une quantité de prés assez considérables et tous classés, au point de vue cadastral, en première classe. Maintenant la plus grande partie de ces prés sont abandonnés ; ils sont tombés entre les mains de chasseurs qui ont planté des aulnaies et des peupliers. Je crois donc que l'ensilage peut, sous de multiples rapports, rendre de grands services et je suis heureux d'avoir vu, devant la Société d'alimentation rationnelle du bétail, exposer, d'une façon aussi intéressante et aussi pratique que l'ont fait MM. Malpeaux et Génin, cette question qui me tient assez à cœur.

M. le Conte. — M. Génin nous a dit qu'en raison du manque de main-d'œuvre, il attendait quelque temps pour ensiler ; je crois que c'est une mauvaise pratique. Je considère comme indispensable que le fourrage vert soit porté immédiatement au silo, sans quoi on perd une partie de la qualité du fourrage ensilé et des fermentations successives se produisent rapidement.

M. le Président. — Je vais donner la parole à M. Génin qui se défendra mieux que je ne pourrais le faire, mais je crois qu'en agriculture, il ne faut jamais généraliser. D'une manière générale l'ensilage est un moindre mal, c'est un pis-aller. Quand on le peut, il vaut mieux faner qu'ensiler ; on a des pertes de matière sèche bien moindres que dans le silo. Mais il y a des cas où l'on ne peut pas faner et M. Cormouls-Houlés de Mazamet, qui est le père de l'ensilage de l'herbe des prairies, qui a ses fermes dans la montagne et commence sa première coupe au mois de juillet, qui ne peut pas faner à raison de l'extrême humidité de ses prairies, M. Cormuls-Houlès trouve très avantageux de couper et d'ensiler immédiatement. Il trouve là une économie de main-d'œuvre considérable sur le fanage ; mais il n'a jamais dit qu'il ne vaudrait pas mieux faner que d'ensiler.

En ce qui concerne la pratique de M, Génin, que MM. Le Conte et Malpeaux condamnent, je demande la permission de la défendre. Je connais le climat, l'habitat où il opère, et je connais aussi le maïs fourrage qui vient dans le Midi, plante très aqueuse, avec des tiges très fortes qu'il n'y a pas très grand inconvénient à laisser en moyettes quelques jours, d'autant plus que la région qu'habite M. Génin est très humide. Je suis convaincu qu'au bout de quelques jours de moyettes, son maïs est aussi frais que lorsqu'il est récolté. Je m'excuse d'avoir donné cette explication à la place de M. Génin et je lui cède la parole.

M. Génin. — Monsieur le Président, vous avez défendu mieux que je ne saurais le faire moi-même ma manière de procéder. En effet, nos moyettes ne sèchent jamais; mais si cela se produisait, nous mettrions de l'eau sur les silos.

M. Malpeaux. — Nous sommes d'accord.

M. Génin. — Dans ces conditions, la conservation des maïs se fait très bien et on peut avoir fauché des quantités suffisantes pour approvisionner la hache-maïs qui hache jusqu'à sept et huit tonnes à l'heure. Il faut une main-d'œuvre considérable pour l'approvisionner et l'on n'y arrive pas, si on n'a pas eu soin de couper le maïs sur le champ.

M. le Président. — Puisque M. Génin est obligé de faire l'ensilage de son maïs, il serait intéressant, au point de vue scientifique, qu'il voulût bien rechercher quelles sont les pertes que le maïs subit dans la fermentation en silo chez lui pour les opposer à celles qu'a constatées M. Malpeaux. Il est certainement très difficile d'avoir des chiffres moyens de perte de matière séche; tout dépend de la manière dont on fait le silo.

M. Girard. — Absolument.

M. le Président. — Voilà pourquoi j'invite tous mes collègues à faire le plus grand nombre possible d'expériences, et notamment M. Génin, qui est ingénieur agronome. M. Girard lui donnera, s'il le veut bien, le dispositif qui est du reste celui de M. Malpeaux; il s'agit de recueillir une certaine quantité de fourrage dans des sacs à mailles très larges que l'on pèse avant et après l'ensilage; on la met ensuite dans des bocaux fermés hermétiquement et dans lesquels on peut verser un peu de chloroforme; je m'en remets pour les détails aux savants et aux techniciens. On envoie ces bocaux au laboratoire qui se charge de l'analyse. La vérité ne peut s'établir que par des contradictions nombreuses et par des comparaisons d'expériences faites sur beaucoup de points du territoire.

La parole est à M. Mallèvre.

M. Mallèvre. — Messieurs, quand il est question de l'ensilage du maïs, on est amené presque fatalement à comparer les résultats acquis dans les recherches exposées ici même avec ceux qui ont été obtenus aux États-Unis où l'ensilage, — je l'ai dit déjà au Congrès de l'an dernier, — est une opération, non pas rare, mais tout à fait générale. Le maïs ensilé joue dans une grande partie des États-Unis le même rôle que les racines chez nous dans l'alimentation des ruminants pendant l'hiver. Étant donné le grand nombre de stations agronomiques que possèdent les Américains, il n'est pas étonnant qu'on y ait fait de nombreuses recherches concernant le maïs ensilé.

Elles offrent ceci de particulier qu'elles sont extrêmement concordantes. Je me plais à constater que cette année, à propos du maïs, M. Malpeaux a trouvé un résultat parfaitement concordant, dans une partie au moins, avec celui des Américains. Je ne sais si ses chiffres vous ont frappés; mais ils m'ont frappé. M. Malpeaux annonçait l'année dernière des pertes importantes de matière sèche résultant de l'ensilage. Cette année, dans un silo étanche, c'est-à-dire dans le genre de silos qu'emploient uniquement les Américains après avoir reconnu les inconvénients des autres, il est arrivé pour le maïs à une perte en matière sèche de 9 0/0, perte que l'on peut qualifier de très faible. Or, quand on fait le fanage, quelque soin qu'on y apporte, on a des pertes au moins équivalentes en matière sèche. J'insiste donc sur ce point : M. Malpeaux trouve ce qu'ont trouvé les Américains; il y a concordance parfaite. Si on ensile dans des conditions déterminées, on peut réduire la perte de matière sèche pour le maïs à une proportion très faible. J'ajoute qu'en prenant des précautions très minutieuses, qui ne peuvent pas être réalisées dans la pratique, un expérimentateur de la station agronomique du Wisconsin, le professeur King, a pu réduire la perte jusqu'à 4 0/0. Aux États-Unis, on compte sur une perte moyenne d'environ 15 0/0. On a par ailleurs déterminé directement, par des expériences comparatives, les pertes qu'on éprouve quand on fait sécher le maïs, quand on le convertit en foin, ce que permet de faire le climat américain; ces pertes sont du même ordre de grandeur que celles résultant de l'ensilage.

Donc, il est possible — c'est une affaire entendue — d'ensiler le maïs, en prenant les précautions nécessaires, de façon à ne pas avoir de pertes plus grandes que si on voulait le convertir en foin. Nous sommes tous d'accord sur ce point.

M. le Président. — M. Girard vous fera une objection; nous ne sommes donc pas tous d'accord. M. Malpeaux est d'accord avec les Américains.

M. Malpeaux. — Je ne suis pas d'accord pour le pourcentage des pertes; je le suis pour la matière sèche.

M. Mallèvre. — Nous ne pourrons pas nous entendre si nous parlons de plusieurs choses à la fois. En ce moment, il est question uniquement des pertes de matière sèche. L'année dernière, vous croyiez que ces pertes étaient toujours très élevées; cette année, vous trouvez dans un cas déterminé des pertes très faibles, voilà un premier point. Mais il ne faut pas le généraliser. J'ai voulu dire simplement que, en ce qui concerne les pertes de matière sèche, il y a maintenant concordance entre ce que vous avez observé pour le maïs dans les silos étanches et ce qu'ont observé les Américains.

J'arrive à un second point et, ici, la concordance ne se retrouve plus. Il s'agit du moment où l'on procède à l'ensilage du maïs et de l'influence de l'état de développement de la plante, de sa phase de végétation. M. Malpeaux a trouvé des pertes plus faibles en matière sèche avec du maïs jeune qu'avec du maïs plus âgé.

M. Malpeaux. — J'ai dit que la perte était plus faible avec une proportion de matière sèche moindre.

M. Mallèvre. — Alors, permettez-moi une question. A quelle phase de végétation se trouvait votre maïs?

M. Malpeaux. — Toujours à la même phase, c'est-à-dire avant l'apparition des organes floraux ; mais la matière sèche variait d'une année à l'autre d'une façon considérable.

M. Mallèvre. — Il résulte de votre réponse que vous n'avez ensilé du maïs, comme époque de végétation, qu'au moment où les organes floraux apparaissaient. Or, ce ne sont pas du tout les conditions que les Américains ont trouvées bonnes pour l'ensilage du maïs. Ils ont établi que la perte de matière sèche était d'autant plus grande que le maïs était ensilé à une époque de végétation moins avancée et, après de nombreuses expériences, ils en sont arrivés à conclure qu'il convenait d'ensiler le maïs au moment où le grain était complètement formé et où la plus grande partie du sucre contenu dans ce grain avait été transformée en amidon. C'est qu'en effet le sucre fermente beaucoup plus aisément que l'amidon, et par conséquent se perd ainsi beaucoup plus rapidement dans le silo. Je ferai d'ailleurs remarquer que, en opérant ainsi, et à l'inverse de ce qu'on pourrait croire, on ne rend pas le fourrage moins digestible.

J'ai donné au Congrès de l'an dernier les expériences de Jordan avec les chiffres (1). Contrairement à ce qu'on observe dans la plupart des fourrages verts, la teneur centésimale en cellulose brute va en diminuant dans le maïs au fur et à mesure du développement de la plante. Aussi, en ensilant le maïs fourrager à un état voisin de la maturité, obtient-on un aliment plus digestible qu'en mettant dans le silo un maïs plus jeune, n'ayant par exemple atteint dans son développement que le début de la floraison. Les expériences ont donné à cet égard des résultats très nets.

Maintenant, permettez-moi de poser une autre question. Avez-vous haché votre maïs ?

M. Malpeaux. — L'ensilage ne serait pas possible autrement.

M. Mallèvre. — Les Américains font le hachage également. J'ajouterai que, quand le tassement se fait avec quelque difficulté — et un tassement bien exécuté est nécessaire en particulier pour les couches supérieures du silo — on mouille légèrement le maïs. Autrement dit, on fait exactement aux États-Unis ce que M. Génin a indiqué.

M. Malpeaux. — Nous sommes d'accord.

M. Génin. — Nous cherchons à trouver une méthode pratique d'ensilage diminuant la perte.

M. Malpeaux. — Mais vous augmentez la teneur en eau ; nous sommes d'accord.

M. Mallèvre. — Si j'ai insisté autant, c'est que le résumé de votre communication ne me permettait pas de voir si la moindre teneur en eau dont vous parliez pour certains de vos maïs était due à la période de végétation ou à une autre cause. Ce qui importe avant tout dans le système américain, c'est, je le répète, la phase de végétation à laquelle le maïs est récolté.

M. Malpeaux. — J'ai dit que plus le fourrage était riche en matière sèche, plus il contenait de cellulose et plus la conservation était difficile.

---

(1) Voir compte rendu du Congrès de 1907, p. 141 et 142.

M. Mallèvre. — Parce que vous avez fait vos expériences sur deux fourrages pris à la même période de végétation et qui, dès lors, étaient comparables. Mais le fourrage dont je parle et qui provient du maïs plus voisin de la maturité, n'est plus comparable au vôtre ; il est moins riche en cellulose, non pas à cause de sa teneur plus grande en eau, mais en raison de sa maturité plus avancée.

M. Malpeaux. — Nous sommes absolument d'accord.

M. Mallèvre. — J'en arrive à un problème qui peut remettre tout en question au point de vue de la valeur nutritive de l'ensilage obtenu avec les fourrages verts ; c'est celui de la transformation des principes nutritifs digestibles. M. Malpeaux a observé comme ses devanciers une transformation abondante de matières albuminoïdes en amides. Comme eux également, il a reconnu que la perte principale de matière portait sur les hydrates de carbone. Seulement M. Malpeaux a conclu de là (j'ai cru du moins le comprendre) que nécessairement la valeur nutritive du maïs ensilé devait être inférieure à celle du maïs non ensilé. Je suis obligé de faire remarquer que les expériences directes faites en Amérique pour étudier ce point important n'ont pas conduit au résultat annoncé par M. Malpeaux. Je ne prétendrai pas qu'elles ont donné un résultat opposé, ce serait exagéré ; mais elles ont montré que la valeur nutritive de la matière sèche du maïs ensilé était au moins égale à celle de la matière sèche du maïs non ensilé.

M. Malpeaux. — Je n'ai rien affirmé, j'ai dit : probablement.

M. Mallèvre. — Comme vous le savez, la valeur nutritive d'un fourrage dépend d'abord de sa digestibilité. Or la digestibilité de la matière sèche dans le maïs ensilé a été à peine de 1 0/0 inférieure par rapport à celle de la matière sèche dans le maïs frais, c'est dire qu'il y a eu presque égalité. Vous pourrez me dire — c'est une objection que je me suis faite à moi-même — qu'une partie des albuminoïdes se transforment en amides, de valeur nutritive inférieure. Mais vous savez que la teneur du maïs en matière azotée est faible. La perte d'albuminoïdes par transformation en amides ne peut donc abaisser que dans une faible mesure la valeur nutritive du maïs ensilé. La diminution qui se produit de ce chef est cependant indéniable.

Mais la valeur nutritive d'un aliment ne dépend pas seulement de sa digestibilité et de sa teneur en principes digestibles. Un autre facteur très important et qu'on passe trop souvent sous silence intervient encore. C'est ce qu'on appelle le travail de la digestion. Tout aliment pour être mastiqué, insalivé, dégluti, pour cheminer le long du tube digestif, etc., en un mot pour être digéré, impose à l'animal qui le consomme une dépense, dépense qui est variable suivant l'état physique, la dureté plus ou moins grande et la richesse en cellulose brute de la matière absorbée. Or le maïs ensilé dont les tiges sont rendus plus tendres par l'opération de l'ensilage, impose à l'appareil digestif un travail de digestion moindre que le maïs frais. Il n'y a donc pas lieu d'être surpris que le maïs ensilé compense de cette façon son infériorité d'ailleurs légère résultant de sa digestibilité un peu plus faible et de sa teneur moindre en albuminoïdes. C'est précisément ce qu'indiquent les résultats des expériences américaines sur la valeur nutritive comparée de la matière sèche du maïs avant et après l'ensilage. Cette valeur nutritive reste pratiquement la même.

Je n'ai rien à dire au sujet du volume du silo. Je crois, en effet, que dès qu'il s'agit de silos étanches, la question n'a pas une grande importance. Les Américains font des silos qui sont surtout très hauts parce qu'ils ont constaté d'une façon nette que les pertes sont surtout importantes à la surface supérieure du silo. Cette surface se trouve ainsi réduite et par conséquent les pertes.

Messieurs, j'ai pensé qu'il n'était pas inutile de rappeler les expériences américaines. De même que quelques-unes des expériences faites cette année par M. Malpeaux, elles nous montrent qu'il est possible de réaliser l'ensilage du maïs en réduisant beaucoup les pertes à la condition de prendre les précautions nécessaires, qu'il est possible également d'obtenir un produit ensilé dont la matière sèche possède une valeur nutritive au moins égale à celle de la matière sèche du maïs frais placé dans le silo. Pour éviter toute généralisation abusive, il est bien entendu que ces conclusions ne s'appliquent strictement qu'au maïs fourrage. (*Applaudissements.*)

M. SAILLARD. — La question de la valeur nutritive des amides, comparée à celle des albuminoïdes, se présente à nous non seulement au sujet des fourrages ensilés, mais encore à propos des mélasses. Je ne sais si M. Mallèvre aura le temps de lire le long rapport qu'il a traduit sur les expériences danoises. Je viens de parcourir les quelques remarques qu'il a écrites au sujet de ce rapport et j'y trouve soulevée une question intéressante pour nous, celle de savoir si l'azote amidé, employé dans l'alimentation, peut se transformer en azote albuminoïde. M. Mallèvre rapporte des expériences faites sur des ruminants, sur des moutons et sur des vaches laitières. Il ne semble pas qu'on puisse, des chiffres cités, conclure d'une façon affirmative que les amides ont été transformées en albuminoïdes. M. Mallèvre, qui connaît bien ces questions de bibliographie étrangère, pourra nous dire si des expériences ont été faites sur des chiens par exemple, pour savoir si les amides peuvent se transformer en matières albuminoïdes. Cette question a une grande importance pour nous au sujet de la valeur alimentaire de la mélasse qui ne contient pas beaucoup de matières albuminoïdes ; la matière azotée de la mélasse se trouve presque entièrement à l'état d'amides.

M. LE PRÉSIDENT. — Nous pourrons reprendre cette question à propos du dernier rapport. Nous n'avons pas épuisé la discussion sur l'ensilage.

M. GÉNIN. — Dans notre pratique de l'ensilage, nous faisons exactement tout ce que M. Mallèvre vient d'indiquer. Nous récoltons le maïs à une époque où les épis sont déjà dans un état de maturité assez avancée. D'un autre côté, nous faisons toujours nos silos le plus haut possible, parce que nous avons constaté que, dans les silos où le fourrage occupe des couches très élevées, il n'y a presque pas de déchet, tandis qu'avec des silos très larges, les déchets sont considérables.

M. LE PRÉSIDENT. — La parole est à M. Girard.

M. GIRARD. — On a dit que nous étions tous d'accord sur la question de l'ensilage. Oui, sur ce point que l'ensilage est une méthode qui conduit certainement à une déperdition. Mais nous ne sommes pas d'accord sur le chiffre de cette déperdition importante. M. Mallèvre nous rend compte des expériences américaines, d'où il résulte que les pertes dans des silos de maïs faits dans de bonnes conditions purent descendre à 9 0/0.

M. Mallèvre. — M. Malpeaux a trouvé 9 0/0 ; les Américains admettent une perte moyenne de 15 0/0.

M. le Président. — Et ils ajoutent que dans la pratique du laboratoire, on peut descendre à 4 0/0.

M. Girard. — Cette perte de 15 0/0, si elle était établie, permettrait de dire que l'ensilage est une pratique raisonnable. Mais lorsque je me trouve en présence des chiffres fixés par M. Malpeaux — 48 0/0 pour le trèfle incarnat, 48 0/0 pour la moutarde, 35 0/0 pour l'herbe de prairie — je dis : non, l'ensilage n'est pas une pratique à recommander. Et je le dis encore plus quand je vois que pour les matières azotées — je ne parle pas des transformations en amides — la perte totale est de 65 0/0. Je conclus de tout cela comme je l'ai déjà dit à M. Malpeaux, qu'il y a un bon ensilage et un mauvais. Le bon ensilage, c'est celui qui limite la perte. Je n'appelle pas de l'ensilage celui qui conduit à une déperdition de 65 0/0. Un tel ensilage est presque de la pourriture. Je ne conteste pas l'exactitude des chiffres de M. Malpeaux, mais je serais très heureux de lire tout le détail de ses expériences et je crois qu'il y aurait lieu de faire des réserves avant de lancer dans le monde des praticiens ces chiffres effrayants.

M. Mallèvre. — Il semble que, sur ce point, M. Girard n'ait pas exactement traduit la conclusion de M. Malpeaux. Il me semble qu'en parlant de perte d'azote, M. Malpeaux n'a pas voulu dire que les matières azotées disparaissaient complètement, mais qu'elles se transformaient en albuminoïdes.

M. Malpeaux. — Pardon, j'ai bien parlé de perte totale, de matière azotée disparue.

M. Girard. — Alors nous en sommes bien, comme je le disais, à la pourriture.

M. Malpeaux. — Je demande qu'on s'inscrive en faux, si l'on veut, contre mes expériences et qu'on les contrôle. Je vous apporterai l'année prochaine des échantillons d'ensilage ; je prétends et j'affirme qu'il y a des pertes énormes. J'ai fait de l'ensilage de trèfle incarnat qui était parfait et que les animaux consommaient très volontiers ; il n'y a pas de raison pour dire que c'est de la pourriture.

M. Girard. — Comment expliquez-vous des pertes si considérables ?

M. Malpeaux. — Tous les produits qui sont soumis à l'ensilage subissent des pertes considérables. Dans ma communication d'il y a deux ans, que vous n'avez peut-être pas oubliée, je faisais remarquer que lorsqu'on conservait de la betterave, la perte de matière sèche ne dépassait pas 4,5 ou 6 0/0 jusqu'en avril, mais qu'une fois les betteraves dépulpées, lorsqu'on les mélangeait de menue paille, la perte s'élevait à 40 ou 50 0/0 et M. le Président a confirmé ce que je disais, puisqu'il a dû arrêter son ensilage en raison de la décomposition dans les silos. Ce qui se passe pour la betterave se produit également pour les fourrages. Il y a dans ces ensilages des transformations dont nous ne nous rendons même pas bien compte et qui aboutissent à ces pertes considérables de matières alimentaires.

M. Girard. — Vous avez 65 0/0 de perte totale de matières azotées. Dans l'état actuel de nos connaissances scientifiques, comment pouvez-vous l'expliquer?

M. Malpeaux. — Dans les fumiers en fermentation, il y a une perte de plus de 60 0/0.

M. Girard. — C'est bien à cette constatation que je voulais en arriver : c'est de la pourriture ammoniacale. Ce n'est pas le mécanisme, qui est très connu, de la transformation des matières azotées en amides.

M. Malpeaux. — Mais cela ne se produit pas pour tous les ensilages. J'ai cité un fait, une perte de 48 0/0 pour la moutarde. Mais il ne faut pas ignorer que la perte de poids brut était minime et que le fourrage présentait à peu près la même teneur en humidité avant l'ensilage qu'après.

M. le Président. — Ce sont des petits silos sur lesquels vous opérez?

M. Malpeaux. — Il y avait 10.000 kilos de moutarde à l'air libre.

M. Mallèvre. — Une partie de ces pertes de matière azotée peut s'expliquer par les liquides qui s'écoulent de la matière ensilée; mais vous ne pouvez pas admettre qu'elles se fassent uniquement sous cette forme.

M. Malpeaux. — Il y a transformation de matières azotées en même temps.

M. Mallèvre. — En quoi?

M. Malpeaux. — En matières volatiles.

M. Girard. — Alors nous en revenons à la putréfaction.

M. Mallèvre. — D'ordinaire, on retrouve dans le silo tout l'azote du fourrage primitif; seulement, il y a transformation d'azote albuminoïde, c'est du moins ce qu'a constaté expérimentalement Kellner pour des silos étanches. Avez-vous des silos sans fuite de liquide?

M. Malpeaux. — Oui, j'ai des silos étanches.

M. Mallèvre. — Et vous avez des pertes d'azote?

M. Génin. — Dans un silo bien fait, il ne doit y avoir aucune perte de liquide.

M. Malpeaux. — Alors nous ne sommes plus d'accord et il serait préférable d'arrêter la discussion. Je ne suis pas, je le répète, un ennemi de l'ensilage, mais je le considère comme un pis-aller. On a écrit dans certains ouvrages, on a même dit dans certains congrès qu'on ne faisait pas suffisamment d'ensilage. J'estime qu'il ne faut pas dire de ces choses-là, parce qu'on pourrait aboutir à un résultat opposé à celui qu'on cherche et qui consiste à être utile à l'agriculture.

M. le Président. — Il faut surtout poursuivre les expériences auxquelles vous vous livrez. C'est quand vous aurez une somme suffisante d'expériences que vous pourrez en tirer des moyennes et des conclusions.

M. Malpeaux. — Je serais très heureux que l'on fît des expériences comparatives.

M. Girard. — Pour moi, je ne conteste pas vos chiffres, mais ils sont tellement en dehors des chiffres usuels qu'il y aurait intérêt à obtenir des précisions. Je ne voudrais pas me poser en prophète; j'ai dix ans d'observations sur l'ensilage et jusqu'à présent je n'ai jamais osé en écrire un mot.

M. Mallèvre. — C'est regrettable.

M. Girard. — Mais je suis convaincu que lorsque la question sera bien travaillée, lorsque nous serons en possession de beaucoup d'observations bien faites, quelles qu'elles soient, nous en reviendrons à cette conclusion : il y a un bon ensilage et un mauvais ensilage. Toutes ces expériences nous permettront peut-être un jour de déterminer les conditions du bon et du mauvais ensilage.

M. X. — Je me permets de prendre la parole, bien qu'étranger à la Société, parce que j'ai vu que les séances étaient publiques. Je crois qu'il y aurait lieu, dans cette matière, d'introduire la méthode mise en pratique par Pasteur. Ne pourrait-on essayer d'isoler les microbes qui doivent se développer dans ces silos et, une fois ces microbes isolés, de les ensemencer dans une matière stérile destinée à l'ensilage.

M. le Dr Régnard — Pour faire une expérience de cette nature, il faut stériliser une matière ensilable. Dans la pratique agricole, c'est absolument impossible.

M. X. — Je ne parle pas pour la pratique agricole.

M. Mallèvre. — On ne sait pas grand chose sur les phénomènes intimes de l'ensilage. C'est à ce point qu'on discute encore sur la question de savoir si, dans l'ensilage des fourrages verts, ce sont les microbes qui ont le rôle principal ou les diastases renfermées dans les tissus vivants de la plante ensilée. C'est ainsi que deux savants américains connus, Babcock et Russel, sont arrivés à cette conclusion, dont je leur laisse toute la responsabilité, que très probablement la plus grande partie des phénomènes qui caractérisent l'ensilage des fourrages verts sont dus à l'activité des diastases renfermées dans la plante et non à celle des microbes qui l'accompagnent dans le silo.

M. X. — Ce serait à rapprocher des expériences de Lechartier.

M. Y. — Voici trente ans que je fais de l'ensilage; je ne peux pas donner de chiffres concernant la moyenne des pertes, mais je voudrais indiquer comment je pratique depuis trente ans, en m'excusant auprès de M. Génin de le contredire. Je plante mes maïs à 43 centimètres de distance et je coupe, avec six hommes, un hectare par jour à la faucille. Dès que le maïs est coupé, il est mis en javelles...

M. le Président. — Quelle hauteur ont vos maïs ?

M. Y. — 2 m. 50 ou 3 mètres. D'ailleurs, si je fais de l'ensilage, c'est un pis-aller. Je mets de grandes quantités de maïs les unes sur les autres, mais pour ajouter une nouvelle couche, je préfère attendre que le maïs se soit tassé et que la fermentation soit remontée à 60°. Dans nos pays extrêmement pauvres, nous conservons ce maïs, non pour le donner seul aux animaux, mais pour faire consommer des pailles hachées et des balles de blé que les animaux ne mangeraient pas seules. En les mélangeant avec du maïs ensilé, nous obtenons la consommation des pailles.

M. Lucas. — Le prix de 5 fr. 68 indiqué par M. Génin comme prix de revient de la tonne de maïs ensilé me paraît trop bas, étant donné qu'il n'a pas été compté de frais pour la fumure. Celle-ci entraîne facilement une dépense de 200 francs à l'hectare. Je crois que, dans ces conditions, on peut porter le prix à 8 ou 9 francs.

M. Génin. — Le prix indiqué pour la fumure est peut-être un peu faible : il porte sur des engrais chimiques.

M. Le Conte. — M. Malpeaux a interrompu M. Mallèvre pour dire qu'on ne pouvait ensiler que du maïs haché. Pendant plusieurs années, j'ai ensilé du maïs sans le hacher et les animaux le mangeaient avec beaucoup d'appétence. Je ne voudrais pas que l'allégation de M. Malpeaux fût inscrite au procès-verbal sans être contredite.

M. le Président. — Personne ne demande plus la parole ?
La discussion est close.

M. le Président. — Je donne la parole à M. Mallèvre pour répondre à la question qui lui a été posée par M. Saillard.

M. Mallèvre. — La question de M. Saillard a pour origine une préoccupation d'ordre pratique; il désirerait savoir si les amides renfermés dans la mélasse peuvent être utilisés par l'animal et s'ils sont capables de se transformer en albuminoïdes. Mais ce sont là deux questions en réalité différentes.

M. Saillard. — Je demande si l'azote amidé de la mélasse peut être compté dans la ration comme produisant un effet semblable à celui des albuminoïdes.

M. Mallèvre. — Cette question ne se confond pas nécessairement avec celle de la transformation des amides en albuminoïdes. Vous savez que, dans la mélasse en particulier, on peut, à l'heure actuelle, doser l'azote sous trois formes: azote albuminoïde, azote nitrique et enfin azote amidé, l'azote amidé englobant tout ce qui n'est pas azote albuminoïde ou azote des nitrates.

Il semble établi, à l'heure actuelle, par les expériences faites en Danemark et en Allemagne que, chez les ruminants, les nitrates qui sont consommés dans les aliments et qu'on ne retrouve ni dans les fèces ni dans aucune secrétion ni excrétion sont complètement décomposés par les bactéries dénitrifiantes qui pullulent dans le tube digestif. L'azote nitrique est donc excrété sous forme d'azote gazeux, libre, et n'a aucune valeur nutritive. Vous trouverez à cet égard d'intéressantes expériences dans la traduction du 63ᵉ rapport danois.

M. Saillard. — Il y a très peu d'azote à l'état nitrique dans la mélasse. Il y en avait autrefois une forte proportion avec la betterave demi-sucrière, mais je puis apporter des chiffres qui établissent qu'aujourd'hui la proportion d'azote nitrique dans la mélasse est très faible.

M. Mallèvre. — Restent l'azote albuminoïde et l'azote amidé. En recherchant par des expériences appropriées quelle était la valeur nutritive des amides, on a trouvé que ces substances peuvent remplacer à peu près complètement les albuminoïdes pour l'entretien de l'organisme au moins chez les ruminants. Si on était peu exigeant sur les démonstrations expérimentales, on pourrait même admettre que les amides se transforment en albuminoïdes dans l'organisme, et peuvent dès lors servir non seulement à l'entretien, mais à la production du lait. On verra cependant, en lisant les remarques que j'ai écrites à propos du 63ᵉ rapport du Laboratoire danois, que cette transformation des amides en albuminoïdes ne peut être encore regardée comme certaine et cela malgré les très curieuses expériences faites en Allemagne par Kellner.

M. Saillard. — En somme, la question n'est pas tranchée?

M. Mallèvre. — Non, en ce qui concerne la transformation des amides en matières azotées dans l'organisme.

Mais cela n'empêche pas qu'il soit dès maintenant démontré que les amides peuvent prendre la place des albuminoïdes pour fournir à l'organisme des ruminants la plus grande partie de l'azote nécessaire aux dépenses d'entretien.

M. le Président. — Et c'est ce qui, d'après vous, est contraire aux notions précédemment reçues.

M. Mallèvre. — En effet! D'ailleurs il ne suit pas de là que l'azote amidé ait complètement la valeur des albuminoïdes. Comme je l'ai fait remarquer au Congrès de l'an dernier (1), les amides peuvent jouer le rôle des albuminoïdes en tant que pourvoyeurs d'azote destiné à l'entretien. Mais contrairement aux albuminoïdes, ils ne paraissent pas susceptibles de fournir de l'énergie utilisable pour l'accomplissement des différentes fonctions de l'organisme. C'est là une différence dont il est tout à fait nécessaire de tenir compte si l'on veut apprécier la valeur comparée des amides et des albuminoïdes.

M. le Président. — J'appelle de nouveau votre attention sur l'intérêt des expériences danoises. Je vous engage à lire avec soin la traduction qu'en a faite M. Mallèvre et j'adresse à notre secrétaire général tous nos remerciements pour le service qu'il a rendu ainsi au monde agricole tout entier. (*Applaudissements.*)

Personne ne demande la parole?

Avant de vous donner rendez-vous à l'année prochaine, permettez-moi de vous communiquer une invitation que j'ai reçue de la Société d'agriculture allemande qui tient son prochain concours agricole annuel à Stuttgart au mois de juin. Cette Société me prie de faire savoir à nos adhérents que ceux d'entre eux qui voudront se joindre au bureau pour visiter ce concours seront les bienvenus. Ceux d'entre vous qui désirent accepter cette invitation n'auront qu'à se faire inscrire au siège de notre société. Leurs noms seront transmis à la Société allemande d'agriculture.

Je lève la séance, Messieurs, en vous donnant rendez-vous à l'année prochaine.

(La séance est levée à 5 heures 20.)

____

(1) Voir Congrès de 1907, p. 44 et 45.

TABLE DES MATIERES

I

RAPPORTS PRÉLIMINAIRES

II

COMPTE RENDU DE LA SÉANCE DU 23 MARS 1908

Imp. Paul Dupont, 4, rue du Bouloi. — Paris, 1ᵉʳ Arrᵗ. — 135.7.1908 (Cl.).